영자씨의 부엌

최고의 레시피 100

2억 뷰를 부른 화제의 레시피

—

서영자 지음

엄마들이 배워 가는 소문난 요리 수업

일러두기

• 책에 소개한 레시피는 5인분 기준입니다.

• 레시피별 좋아요 숫자는 2022년 5월 기준입니다.

• 레시피별 큐알코드를 QR바코드로 찍으시면 관련 요리 영상을 바로 확인하실 수 있습니다.

• 책에 소개된 레시피는 유튜브 '영자씨의 부엌'에서 확인할 수 있습니다.

영자씨의 부엌
최고의 레시피 100

초판 1쇄 발행 2022년 5월 20일
초판 3쇄 발행 2023년 8월 10일

지은이 서영자

발행인 우현진
발행처 용감한 까치
출판사 등록일 2017년 4월 25일
대표전화 02)2655-2296
팩스 02)6008-8266
홈페이지 www.bravekkachi.co.kr
이메일 aoqnf@naver.com

기획 및 책임편집 우혜진
디자인 죠스 **마케팅** 리자 **진행** 김소영 **디자인** 죠스 **교정교열** 이정현
푸드 스타일 락앤쿡 최은주 **포토 그래퍼** 내부순환스튜디오 김지훈
촬영 어시스턴트 팀장 락앤쿡 이수진 **촬영 어시스턴트** 락앤쿡 이단비, 윤태상, 박현지 **촬영 스태프** 이정민 **쿠킹 스튜디오** 락앤쿡 푸드컴퍼니
협찬 제공 실바트 / 명장용호실업 / DIA TV

CTP 출력 및 인쇄·제본 이든미디어

ISBN 979-11-91994-06-3(13590)

ⓒ 서영자
정가 23,000원

감성의 키움, 감정의 돌봄 용감한 까치 출판사

용감한 까치는 콘텐츠의 樂을 지향하며 일상 속 판타지를 응원합니다. 사람의 감성을 키우고 마음을 돌봐주는 다양한 즐거움과 재미를 위한 콘텐츠를 연구합니다. 우리의 오늘이 답답하지 않기를 기대하며 뻥 뚫리는 즐거움이 가득한 공감 콘텐츠를 만들어갑니다. 아날로그와 디지털의 기발한 콘텐츠 커넥션을 추구하며 활자에 기대 위안을 얻을 수 있기를 바랍니다. 나를 가장 잘 아는 콘텐츠, 까치의 반가운 소식을 만나보세요!

세상에서 가장 용감한 고양이 '까치'

동물 병원 블랙리스트 까치. 예쁘다고 만지는 사람들 손을 마구 물고 할퀴며 사나운 행동을 일삼아 못된 고양이로 소문이 났지만, 사실 까치는 누구보다도 사람들을 사랑하는 고양이예요. 사람들과 친해지고 싶은 마음에 주위를 뱅뱅 맴돌지만, 정작 손이 다가오는 순간에는 너무 무서워 할퀴고 보는 까치.

그러던 어느 날, 사람들에게 미움만 받고 혼자 울고 있는 까치에게 한 아저씨가 다가와 손을 내밀었어요. "만져도 되겠니?"라는 말과 함께 천천히 기다려준 그 아저씨는 "인생은 가까이에서 보면 비극이지만, 멀리서 보면 코미디란다"라는 말만 남기고 횡하니 가버리는 게 아니겠어요?

울고 있던 겁 많은 고양이 까치는 아저씨 말에 마지막으로 한 번 더 용기를 내보기로 했어요. 용기를 내 '용감'하게 사람들에게 다가가 마음을 표현하기로 결심했죠. 그래도 아직은 무서우니까, 용기를 잃지 않기 위해 아저씨가 입던 옷과 똑같은 옷을 입고 길을 나섭니다. '인생은 코미디'라는 말처럼, 사람들에게 코미디 같은 뻥 뚫리는 즐거움을 줄 수 있는 뚫어뻥 마법 지팡이와 함께 말이죠.

과연 겁 많은 고양이 까치는 세상에서 가장 용감한 고양이가 될 수 있을까요? 세상에서 가장 용감한 고양이 까치의 여행을 함께 응원해주세요!

안녕하세요
영자씨의 부엌에 오신 걸
환영합니다.

저의 두 번째 책이 나왔습니다.

작년 4월에 출간한 《1시간에 만드는 일주일 반찬》 이후 두 번째 책입니다. 처음 해보는 작업이었던 만큼, 첫 책을 냈을 당시에는 과연 두 번째 책을 출간할 수 있을까 싶었습니다. 유튜브 영상 촬영과 방송 촬영, 갖가지 캠페인과 쿠킹 클래스 등 바빴던 와중에 많은 분들이 도와주셔서 첫 책을 낼 수 있었기 때문입니다. 그만큼 두 번째 책을 준비한다는 건 결코 쉽게 먹을 수 있는 마음이 아니었습니다.

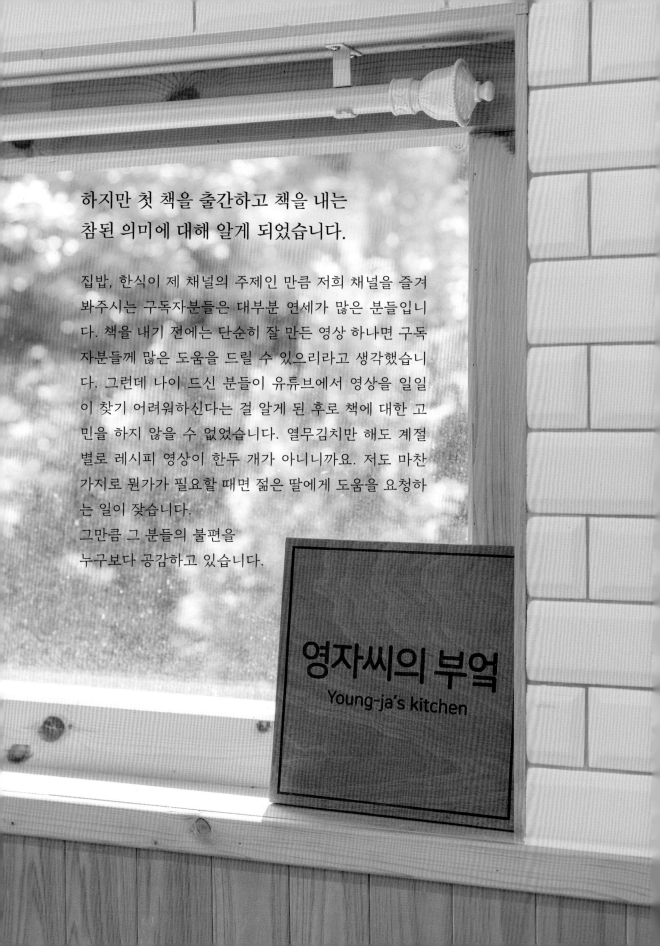

하지만 첫 책을 출간하고 책을 내는
참된 의미에 대해 알게 되었습니다.

집밥, 한식이 제 채널의 주제인 만큼 저희 채널을 즐겨
봐주시는 구독자분들은 대부분 연세가 많은 분들입니
다. 책을 내기 전에는 단순히 잘 만든 영상 하나면 구독
자분들께 많은 도움을 드릴 수 있으리라고 생각했습니
다. 그런데 나이 드신 분들이 유튜브에서 영상을 일일
이 찾기 어려워하신다는 걸 알게 된 후로 책에 대한 고
민을 하지 않을 수 없었습니다. 열무김치만 해도 계절
별로 레시피 영상이 한두 개가 아니니까요. 저도 마찬
가지로 뭔가가 필요할 때면 젊은 딸에게 도움을 요청하
는 일이 잦습니다.
그만큼 그 분들의 불편을
누구보다 공감하고 있습니다.

영자씨의 부엌
Young-ja's kitchen

첫 책을 내고 얼마 지나지 않았을 때, 돈가스 가게로 나이가 지긋한 분이 제 책을 가지고
찾아오신 적이 있습니다. 보여주신 책을 들여다보니 온 페이지에 메모가 빼곡하게 적
혀 있었습니다. 제 영상을 책과 함께 보면서 책에 메모를 꼼꼼하게 하신 겁니다. 영상을
찾기도, 영상을 보면서 요리하기도 쉽지 않은 우리 구독자분들에게는 영상 속 레시피를
보기 좋게 정리해놓은 이 책만큼 반가운 게 없었던 겁니다.

그때 느꼈습니다. 왜 책을 내야 하는지.
물론 첫 책도 많은 분께 드리는
답례 같은 마음으로 만든 것이었지만,
이번 책은 답례를 넘어
지금까지 주신 사랑에
보답해야 한다는 사명감으로
만들었습니다.

첫 책을 낼 때는 그저 이제 막 걷기 시작한, 첫 걸음을 막 뗀 아기 같은 느낌이었지만, 《영자씨의 부엌 최고의 레시피 100》은 걸으면서 앞도 보고, 옆도 보고, 때로는 뒤도 돌아보며 만든 책입니다. 가장 좋은 옷을 골라 입은 게 첫 책이었다면, 이번 책은 저에게 가장 잘 어울리는 옷을 맞춰 입은 것이라 할 수 있습니다. 물론 두 권 모두 읽는 이에게 어떤 즐거움과 도움을 줄 수 있을까 깊이 고심하며 만든 책인 만큼, 어느 하나 저에게 소중하지 않은 책은 없지만 말입니다.

음식이 전하는 행복의 형태는 여러 가지입니다.

유튜브를 하기 전부터 소망하던 일이 있습니다. 바로 결혼 이주 여성들에게 한식 요리 법을 알려주는 쿠킹 클래스를 여는 겁니다. 그저 주부였을 때는 이룰 수 없는 꿈이었습니다. 평범한 아줌마에게는 좋은 의미의 재능 기부도 쉬이 허락되지 않습니다. 하지만 유튜브로 '영자씨의 부엌'이라는 저만의 브랜드를 갖춘 요리 전문가가 되었을 때는 제가 원하는 만큼 재능 기부를 할 수 있었죠. 유튜브가 잘돼 다행이라고 생각하게 하는 것 중 가장 큰 부분이 바로 이겁니다. 많은 분께 원하는 만큼 제 재능과 마음을 나눠드릴 수 있게 된 게 지금 매우 기쁘고 벅찹니다.

그렇게 원하던 무료 쿠킹 클래스를 열어 결혼 이주 여성들에게 잡채나 불고기 같은 한식 만드는 법을 가르쳐주었습니다. 불필요한 격식이나 과정을 과감히 생략하고 현실적으로 쉽게, 그러면서 더 맛있게 한식을 만드는 제 레시피가 마음에 들었는지, 처음에는 25명이던 인원이 마지막 날에는 30명으로 늘어나 있더라고요. 집에서도 여기에서 배운 대로 잡채 만들기에 성공했다며, 가족들이 많이 좋아했다는 얘기를 기쁜 듯 전해준 분들도 많았습니다.

언어도, 문화도 모두 낯선 그녀들에게 한식이라는 음식이 새로운 가족과 이어주는 빨간 줄이 된 것입니다.

요리는 단순히
음식을 만드는 일이 아닙니다.
요리하는 사람과 먹는 사람의 마음을
단단히 이어 매듭짓는
숭고한 과정입니다.

내 손으로 직접 기른 채소가
가장 신선한 채소 아닐까요?

월요일과 화요일, 그리고 일요일에는 유튜브 영상 촬영과 라이브 방송 진행을, 그 외 요일에는 다음 영상에 올릴 요리에 대해 연구하며 일주일을 바쁘게 보내고 있습니다. 그래도 틈틈이 밭을 매고 꽃을 심으며 저만의 시간을 보내기 위해 노력하고 있습니다. 어떨 때는 제가 심고 가꾼 꽃나무의 꽃이 질 때까지 꽃이 피었는지조차 모를 정도로 바쁜 나날이지만, 좋아하는 것들로 틈을 메우며 제 자신을 잃지 않기 위해 노력하고 있습니다.

아침이면 닭들이 갓 낳은 신선한 달걀을 수거하고, 아직 해가 뜨거워지지 않은 오전에는 밀짚모자를 눌러쓰고 밭을 일굽니다. 한낮에는 꽃나무와 과실수에 물을 주며 가지를 치고, 저녁 무렵 드디어 요전에 담갔던 장맛을 살피며 한 주걱가득 떠 저녁 준비를 합니다.

유튜브를 시작하기 전에도 했던 일이고, 유튜브로 많은 분들의 사랑을 받는 지금까지도 매일같이 하는 일입니다. 할 수 있으면 채소나 과일은 직접 재배해 먹으려고 합니다. 물론 아직은 한참 모자라지만, 음식 맛에서 신선한 재료가 얼마나 중요한지 잘 알고 있기에 이것만큼은 절대 양보할 수 없습니다. 다행히 함께하는 남편도 저도 텃밭을 가꿔 농사짓는 일을 귀찮아하지 않고 재밌는 취미로 생각하기 때문에 우리에게는 고된 일이 아니라 즐거운 놀이입니다.

음식에는
고집이 필요합니다.

저는 나이가 있기 때문에 젊은 분들처럼 구독자분들과 소통할 수
있는 창구가 많지 않습니다. 저뿐만 아니라 구독자분들도 대부분
나이가 지긋한 분들이라 기껏해야 영상 밑에 댓글을 달거나 유튜
브 커뮤니티에 댓글을 다는 정도입니다. 그마저도 어려워하시는
분들이 많습니다. 그래서 생각해낸 묘안이 바로 '돈가스 가게'입니
다. 온라인보다는 오프라인이 더 편한 저와 구독자분들을 위해 일
종의 만남의 장소를 만들고 싶었습니다. 크지는 않지만 저만의 느
낌으로 알차게 채운 작은 돈가스 가게입니다.

제가 가장 자신 있어 하는 요리 중 하나인 돈가스로 찾아오시는 분들께 조금이나마 감사 인사를 전해드리고 싶었습니다. 그런 만큼 식재료나 조리법을 엄격하게 체크합니다. 항상 신선한 등심을 공수해 요리합니다. 세상에서 제일 감사한 우리 구독자 '마님'들과 소중한 손님이 먹을 돈가스이기에. 그리고 무엇보다 누구에게나 기억에 남는 추억의 음식을 만들고 싶기에 손이 더 가고 신경이 더 쓰이더라도 재료의 신선도와 품질에 타협을 하지 않습니다.

하루는 단란한 부자(父子) 손님이 가게로 찾아왔습니다. 아들이 어린이날 때 도시락 선물을 나눠준 초등학교의 학생이었는데, 그날 처음으로 돈가스를 먹어봤다고 합니다. 너무 맛있어서 다시 한번 먹고 싶다는 아들의 말에 저희 집에 오신 겁니다. 그때 가슴에 '행복'이라는 뜨거운 감정이 차올랐습니다.

그 아이처럼 제 음식이
누군가의 잊지 못할 소중한 추억이 된다면
이만한 고집은, 이렇게 힘이 드는 고집은
평생 부릴 만하다고 생각합니다.

언젠가 저만의 강단에 올라
강연을 하는 게
저의 소중한 꿈입니다.

평범한 주부이던 제가 30여 년간의 노고를 인정받아 일약 스타 유튜버가 되었습니다. 남들처럼 고학력자도, 커리어 우먼도 아닌 제가 지금처럼 인정받을 수 있었던 이유는 다른 것에 한눈팔지 않고 묵묵히 가족을 위해, 이웃을 위해 요리해왔기 때문이라고 저는 감히 생각합니다. 30년 경력의 가정주부라는  내공이 지금의 저를 여기로 올려놓았습니다. 베테랑 가정주부라는 학위가 저를 '선생님'으로 불리게 해준 겁니다.

그러니 당신도 할 수 있다는 이야기를 꼭 전하고 싶습니다.

단순히 맛있는 요리로만 기억되는 게 아니라, 제가 꿨던 꿈 그리고 당신이 꾸는 꿈으로 함께 기억되기를 바랍니다.

영자씨의 부엌에는 30여 년간 잊지 않았던 저의 꿈이, 이제부터 마음껏 펼치실 여러분의 꿈이 가득 넘치고 있습니다.

끝으로, 유튜브 영상이나 방송 촬영도, 돈가스 가게도, 책 작업도, 그리고 손이 많이 가는 농사와 정원 가꾸기에도 늘 두 팔 걷어붙이고 함께 노력해주는 우리 가족들에게 고마움의 인사를 전하고 싶습니다. 꿈이 너무 많은 엄마를, 아내를 위해 불평 한마디 하지 않고 묵묵히 옆에서 함께 길을 걸어주는 가족들. 특히 고된 시간을 보내고 정년을 맞아 편히 쉬고 싶을 법도 한데, 촬영이며 뒤치다꺼리며, 밭일까지 모두 나서서 해주는 우리 남편. 라이브 방송을 할 때면 빠진 재료가 있지 않을까, 돌발 상황이라도 있지 않을까 싶어 저보다 더 긴장하고, 필요하면 급하게 시내까지 나가 빠진 재료를 사다주는 수고로움에도 싫은 내색 한번 하지 않는 남편에게 가장 큰 감사의 말을 보내고 싶습니다.

최고의 남편인 당신 덕에 최고의 아이들과 요리를 잘 모르던 저에게 하나하나 다정히 가르쳐주시던 최고의 시어머니를 만날 수 있었습니다.
모두 당신 덕분입니다.

우리 인생의 1막이 당신의 꿈이었고, 2막이 저의 꿈이었다면,
이제 3막은 우리의 꿈을 이루는 걸 테죠. 지금까지 고마웠고,
앞으로도 잘 부탁합니다.

part 1

맛있는 봄

맛있는 여름

part 3

맛있는 가을

part 4

맛있는 겨울

화제의 레시피

초간단 계량법

요리가 손에 익을 때까지 계량스푼과 계량컵, 그리고 저울을 사용해보세요. 레시피에 제시한 양을 확실히 지켜야 정확한 맛을 낼 수 있습니다. 번거롭겠지만 꼭 준비해주세요!

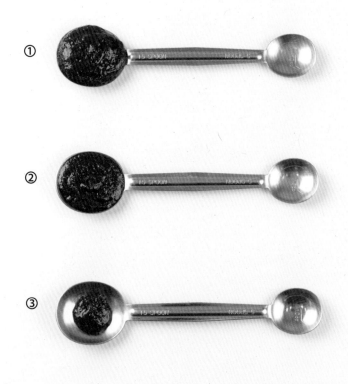

❶ **1큰술 수북이**(20㎖) 계량스푼으로 가득 떠서 볼록하게 담습니다.

❷ **1큰술**(15㎖) 계량스푼으로 싹 깎아서 담습니다.

❸ **1작은술**(5㎖) 계량스푼에 ⅓ 정도 담길 만큼입니다.

계량스푼   저울   500ml 계량컵

식재료 썰기

식재료마다 특징을 살려 썰어야 요리에서 감칠맛이 나고 보기에도 좋습니다. 당장은 어렵게 느껴지겠지만 계속 연습하면 음식에 따라 어떤 모양으로 썰어야 할지 단번에 알 수 있습니다.

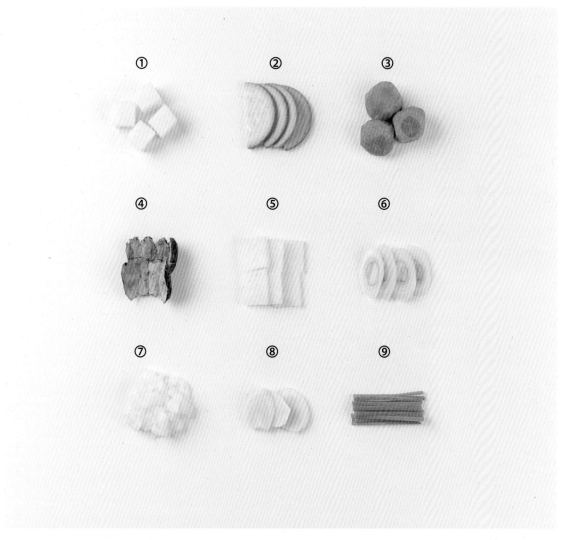

❶ **깍둑썰기** 무, 양파 등 두께가 있는 채소를 주사위 모양으로 써는 방법입니다. ❷ **반달썰기** 무, 당근, 애호박 등 원형 채소를 반원형으로 써는 방법입니다. ❸ **모서리 돌려 깎기** 밤, 당근, 무 등을 큼직하게 썬 후 모가 난 테두리를 둥글게 깎는 방법입니다. ❹ **돌려 깎기** 오이, 호박, 대추 등의 껍질을 돌려서 깎는 방법입니다. ❺ **나박 썰기** 무, 감자 등의 채소를 네모꼴로 써는 방법입니다. ❻ **어슷썰기** 파, 당근, 우엉 등 가늘고 긴 채소를 비스듬하게 써는 방법입니다. ❼ **다지기** 양파, 파, 마늘 등 가늘게 채 썰어 작게 조각내서 써는 방법입니다. ❽ **편 썰기** 무, 마늘 등을 앞부분부터 납작하게 써는 방법입니다. ❾ **채 썰기** 오이, 당근, 애호박 등의 채소를 편 썰기한 후 가늘게 써는 방법입니다.

보관법

김장 후 남은 새우젓 보관하는 법

김장을 하면 언제나 새우젓이 잔뜩 남아 골치죠? 새우젓은 잘못 보관하면 누렇게 변색되고 삭을뿐더러 이상한 냄새까지 나기 때문에 요리에 쓸 수 없게 되죠. 변질되지 않고 내년 김장까지 1년 내내 신선하게 보관할 수 있는 저만의 방법을 소개합니다.

보관 방법
반은 냉동실에, 반은 냉장실에 보관하는 게 포인트예요. 냉장실에 보관한 새우젓으로 2월에는 파김치, 봄에는 풋김치를 담가 드세요. 훨씬 깊은 맛이 난답니다.

• 냉장 보관: 2월 파김치용, 봄 풋김치용
① 반찬통에 위생봉지를 깐다.
② 남은 새우젓의 절반을 덜어 1에 담은 후 위생봉지를 여민다(위생봉지 입구를 돌돌 말아 공기가 통하지 않도록 단단히 여며주세요).
③ 뚜껑을 닫아 냉장실에 보관한다.

• 냉동 보관: 1년 장기 보관용
① 반찬통에 나머지 새우젓을 담는다.
② 위생봉지로 덮은 후 뚜껑을 닫아 냉동실에 보관한다.

주의하세요! 새우젓은 너무 늦게 냉동실에 보관하면 삭아버리니 김장이 끝난 후 가급적 빨리 냉동실에 보관하세요. 물론 이럴 경우에도 2월이나 봄에 파김치와 풋김치를 담가 먹으면 되니 너무 걱정하지 마세요. 참고로 갈치젓은 새우젓과 반대로 좀 삭아야 맛이 나기 때문에 3월 초쯤에 냉동실에 보관하는 게 좋습니다.

대파를 겨울 내내 저장하는 보관법

한때는 금값이 된 대파를 집에서 키워 먹는 '파테크'가 인기였을 정도로, 장바구니 물가에서 대파를 무시할 수 없어요. 이렇게 귀하고 비싼 대파를 잘못 보관해 버리게 되면 너무 속상하겠죠? 그래서 이번엔 겨울 내내 대파를 싱싱하게 저장하는 방법을 소개해드릴게요.

보관 방법
대파의 흰 부분은 마르지 않고 초록 부분은 새순이 날 정도로 신선하게 보관할 수 있답니다. 필요할 때마다 하나씩 통째로 꺼내 드세요. 새순이 난다고 그것만 따 먹으면 오래 보관할 수 없답니다.

① 아이스박스에 대파를 뿌리가 아래로 가도록 세워서 넣는다(사 온 그대로, 손질을 하지 않은 상태로 넣어주세요).
② 아이스박스가 가득 찰 정도로 대파를 넣은 후 사이사이에 흙을 조금씩 넣어준다(많이 넣을 필요는 없어요. 군데군데 조금씩 넣어주세요).
③ 베란다에 넣고 일주일에 한 번씩 조금씩 물을 주며 보관한다(물을 너무 많이 주면 웃자라기 때문에 좋지 않아요).

먹다 남은 고기를 신선하게 보관하는 법

남은 고기를 팩에 담긴 그대로 통째 냉동실에 보관하면 서로 꽁꽁 붙어버려 요리할 때 매우 힘이 듭니다. 그래서 이번에는 다시 꺼내기도 쉽고 요리하기도 쉽게 고기를 보관하는 방법을 알려드릴게요. 1장씩 떼어 해동할 수 있어 편리하답니다.

① 고기가 긴 경우, 보관하기 편하도록 반씩 자른다.
② 위생봉지의 양쪽을 칼로 오린 후 길게 펼쳐 세로로 놓는다.
③ 2 위에 1을 한 장씩 올린다(고기가 서로 붙지 않도록 간격을 유지하며 올려주세요. 첫 번째 고기는 비닐로 고기를 한번 감쌀 정도의 공간을 띄우고 올리세요).
④ 비닐로 첫 번째 고기를 감싼 후 나머지 고기를 돌돌 만다(앞의 고기와 다음 고기가 비닐을 사이에 둔 채 서로 맞닿아야 합니다).
⑤ 랩으로 4를 타이트하게 감싼 후 냉동실에 보관한다(공기가 들어가지 않도록 꼼꼼하게 싸야 합니다).

찌는 법

호박잎 부드럽게 찌는 법

호박잎 찌는 걸 어려워하시는 분들이 의외로 많아요. 10분이면 호박잎을 보들보들하게 찌는 저만의 비법을 살짝 공개할게요. 호박잎을 고를 때는 어린잎으로 고르세요. 너무 큰 잎 말고 작고 부드러운 잎을 이용해야 훨씬 맛있습니다. 참고로 호박잎은 쪄서 먹는 것도 맛있지만 장국으로 끓여 먹어도 맛있답니다.

① 호박잎 줄기의 까슬까슬한 면을 손으로 까면서 손질한다.

② 손질한 호박잎을 물에 담가 흙먼지를 털어내며 부드럽게 세척한다.

③ 흐르는 물로 잎의 앞뒤를 꼼꼼하게 헹군 후 물기를 털어준다(잎 뒷면에 벌레가 알을 까는 경우가 많으니 꼼꼼하게 헹궈주세요).

④ 찜기에 물을 넣고 끓이다, 한소끔 끓어오르면 호박잎을 조금씩 나눠 지그재그로 겹쳐 깔아준다(잎 앞면이 위를 보도록 해서 넣어주세요).

⑤ 약 2분 후 뚜껑을 열어 집게로 호박잎 전체를 한번에 뒤집은 다음 다시 뚜껑을 닫는다.

⑥ 다시 2분 후 뚜껑을 열고 불을 끈다(잎을 만졌을 때 보들보들하면 완성입니다. 물컹거리는 걸 좋아한다면 불을 끈 채 뚜껑을 닫고 2분 정도 더 기다리세요).

⑦ 다 쪄진 호박잎을 채반 위에 옮겨 1장씩 펼쳐놓는다(펼쳐놓지 않으면 시커멓게 익어버리니 주의하세요).

양배추 맛있게 찌는 법

양배추찜이 더 맛있어지는 영자씨만의 '만능 양념장' 조합
대파 1큰술, 마늘 1큰술, 진간장 3큰술, 국간장 ½큰술, 통깨 약간, 고춧가루 1큰술

양배추는 데치면 단맛이 빠지기 때문에 쪄 먹는 게 더 맛있고 영양가도 좋습니다. 볼 때는 쉬운 듯하지만, 막상 해보면 은근히 어려워요. 이번에는 실패하지 않고 양배추를 맛있게 찌는 법을 소개해볼게요. 대략 ½통 정도면 5인 가족이 배불리 먹을 수 있습니다.

① 양배추를 4등분한 후 뿌리의 심지를 잘라낸다.

② 가장 바깥쪽 껍질을 벗겨낸 후 손으로 2~3장씩 겹겹이 떼어낸다(가장 바깥 껍질은 버리세요).

③ 너무 큰 잎은 세로로 칼집을 낸다(반만 칼집을 내주세요. 너무 크다고 조각내서 찌면 단맛이 빠져 맛이 없으니, 찌기 편할 정도로 칼집만 내 준비하세요).

④ 손질한 양배추를 흐르는 물에 깨끗하게 씻는다.

⑤ 찜기에 물을 넣고 끓이다, 한소끔 끓어오르면 양배추를 큰 잎부터 차례대로 넣는다(바깥 면이 위를 보도록 엎어서 올려주세요).

⑥ 약 3분 후 뚜껑을 열고 집게로 위아래를 뒤집어준 뒤 다시 뚜껑을 닫는다(아래 깔린 잎들은 위로, 위에 얹힌 잎들은 아래로 서로 바꿔주세요).

⑦ 약 2분 후 뚜껑을 열고 불을 끈다(더 물컹하게 찌고 싶으면 불을 끈 채 뚜껑을 덮어 1~2분 정도 더 기다리세요. 덩어리가 큰 것도 뚜껑을 덮은 채 조금 더 넣어두세요).

삶는 법

강원도 출신 영자씨의 옥수수 맛있게 삶는 법

강원도가 고향인 만큼 옥수수 찌기 하나만은 정말 자신 있어요. 옥수수는 수염을 만졌을 때 마르지 않고 촉촉한 게 좋은 것입니다. 옥수수 알맹이의 수분이 새지 않았다는 뜻이거든요. 또 껍질이 골고루 새파란색을 띠는 게 좋답니다.

① 옥수수의 껍질과 수염을 제거한다(제일 안쪽 껍질 한 겹과 대는 남겨두세요. 단맛이 더 커진답니다).

② 냄비에 옥수수와 소금 ½큰술을 넣고 물을 붓는다(물이 너무 짜지 않도록 간을 보고 맛을 맞춰주세요. 물은 옥수수가 푹 잠길 만큼 담습니다. 단맛을 원할 경우 시나당을 조금 추가하세요).

③ 불을 켜고 강한 불로 끓인다.

④ 옥수수의 단 향이 나기 시작하고 물이 끓어오르면 뚜껑을 열어 잘 익었는지 확인한다.

⑤ 다 익었다면 물을 버린 후 뚜껑을 닫고 약한 불로 줄여 다시 끓인다(물은 다 쏟아버리면 안 됩니다. 바닥이 살짝 잠기도록 약간은 남겨두어야 합니다).

⑥ 약 10분 후 뚜껑을 열고 아래에 깔린 옥수수를 위로 옮긴 다음 다시 뚜껑을 닫는다. 약 10분 후 불을 끄고 옥수수를 꺼낸다.

조기구이 냄새는 적게, 기름은 튀지 않게 굽는 법

조기나 고등어처럼 생선을 굽는 날이면 온 집 안이 냄새로 가득 차서 고생하셨죠? 기름까지 사방으로 튀니 뒷정리하는 것도 쉽지 않죠. 이번엔 생선을 쉽고 맛있게 굽는 법을 소개해볼까 합니다. 냄새는 적게 나면서 기름이 튀지 않게 굽는 저만의 비법을 알려드릴게요.

① 조기를 깨끗이 씻은 후 가위로 꽁지와 지느러미를 자른다. 종이 포일을 한 장 깔고, 그 위에 조기를 올린다(나중에 이 종이 포일로 조기를 감쌀 거예요. 그러니 포일은 넉넉하게 준비해 깔아주세요).

② 솔로 조기에 청주와 올리브유를 차례대로 골고루 바른다(조기의 양면에 골고루 발라주세요. 청주를 바르는 것은 조기의 비린내를 제거하기 위함입니다. 비린내에 예민하지 않으신 분들은 청주를 바르지 않아도 괜찮아요).

③ 포일을 반으로 접어 조기를 덮는다(포일을 정확하게 반으로 접어 덮는 게 아니라, 아래에 깔린 포일이 1㎝ 정도 더 길게 남도록 접어 덮어주세요).

④ 1㎝ 길게 남겨둔 밑의 포일로 위의 포일을 감싸듯 접은 후 공간이 남지 않도록 돌돌 접어 말아준다.

⑤ 조기의 입과 꼬리 부분의 포일도 각각 1㎝ 넓이로 접으면서 돌돌 만 후 클립으로 고정한다.

⑥ 예열한 프라이팬에 (5)를 올린 후 중간 불로 조절한 다음 뚜껑을 덮는다.

⑦ 10분 후 자작자작한 소리가 들리고 고기가 익는 냄새가 나면 뚜껑을 열고 조기를 뒤집는다. 뒤집은 후 중간 불로 5분, 약한 불로 5분 더 구워준다.

⑧ 다시 뚜껑을 덮고 중간 불로 5분, 약한 불로 5분 더 굽는다(구우면서 금방 익는 꼬리보다 잘 익지 않는 머리가 불 가운데 올 수 있도록 프라이팬 위치를 조절하면서 구워주세요).

⑨ 다 익은 조기를 팬에서 꺼내 포일을 벗긴 후 한 김 식힌 다음 접시에 담는다(취향에 따라 지단을 올려 먹으면 더욱 좋아요).

조리 도구

좋은 팬을 고르는 게 맛있는 요리의 첫 단계

부침은 말할 것도 없고 볶음 등의 요리를 할 때도 팬이 가장 중요합니다. 아무리 실력 좋은 장군이라도 형편없는 무기로는 전장에서 이길 수 없는 것처럼, 아무리 실력 좋은 요리 고수일지라도 나쁜 팬을 쓴다면 절대 요리를 성공시킬 수 없을 거예요. 레시피에 나온 대로 완벽한 비율로 반죽했는데도, 기름을 충분히 둘렀는데도 뒤집으려고만 하면 눌어붙거나 찢어져 망연자실한 경험이 한 번쯤은 있을 거예요. 문제의 핵심은 바로 '팬'입니다.

팬은 평생 요리를 한 저 같은 사람에게도 늘 숙제예요. 좋은 팬을 발견했다면 한번에 여러 개를 구매해 쟁여놓고 사용하기도 하고, 새로 샀는데 별로 좋지 않다면 바로 버리고 다른 팬을 살 정도로 요리의 승패를 결정하는 게 바로 팬이라 생각합니다. 팬을 구매할 때는 적당한 두께감이 좋은데, 가장 중요한 건 측면의 각도예요. 팬의 바닥과 측면이 뒤집개가 들어가는 각도와 잘 맞는 제품이 좋습니다. 요즘 판매되는 제품은 90도인 것들이 많아요. 뒤집개로 뒤집으려면 손목을 꺾다시피 해야 하는데, 그렇게 뒤집개를 힘들게 넣는 과정에서 이미 부침개는 찢어지게 됩니다. 이게 굉장히 중요한데, 각도를 제대로 지키지 않은 팬이라면 아무리 요리 잘하는 사람이어도 제대로 뒤집을 수 없어요. 나팔꽃처럼 각도가 완만해 뒤집개를 무리 없이 넣을 수 있는 팬이 가장 좋은 팬입니다.

추천 제품 실바트 IH 프라이팬

칼에 따라 달라지는 요리의 맛

칼날에 따라 회 맛이 달라진다는 말처럼 한식도 칼에 따라 맛이 달라집니다. 식재료의 단면에 따라 양념이 배는 정도, 식감 등이 달라지기 때문이죠. 물론 보기에 예쁘고 정갈한 것도 칼에 많은 영향을 받습니다.

잡았을 때 적당히 무게감이 있어 손목을 쓰지 않고 어깨 힘만으로도 재료를 썰 수 있는 칼이 좋은 것입니다. 특히 칼날이 삼각으로 날카롭지 않으면 아무리 간격을 맞춰 편 썰기를 하거나 채 썰기를 해도 간격이 중구난방이 됩니다. 또 칼이 너무 짧으면 넓은 재료를 썰 때 한 번에 썰리지 않아 이중으로 힘이 듭니다. 그래서 한식 칼은 길이가 어느 정도 긴 게 좋아요. 단면이 거침없이 한 번에 잘려나가야 음식 맛이 좋아집니다. 그러므로 무처럼 딱딱한 재료를 깍둑 썰 때 힘들이지 않아도 손쉽게 잘리는 것이 좋은 칼입니다.

칼 가는 방법

① 처음에는 숫돌의 거친 면(보통 350~400번)으로 갈다가 고운 면(보통 1000~1200번)으로 마무리한다.
② 칼을 세웠을 때 본인을 기준으로 오른쪽 면부터 간 후 왼쪽 면을 간다.
③ 본격적으로 갈기 전에 칼의 면과 숫돌을 물로 충분히 적셔준다.
④ 오른쪽 면을 누르면서 밀어 내리고, 살짝 들어 다시 당기는 과정을 여러 번 반복한다(면의 ⅓ 지점(칼날 부분)만 닿도록 갈아주세요).
⑤ 왼쪽 면도 충분히 물로 적신 후 누르면서 당겨 올리고, 살짝 들어 내리는 과정을 여러 번 반복한다(오른쪽 면과 왼쪽 면을 갈 때 힘을 줘 누르는 방향이 다르니 유의하세요).

추천 제품 주용부 명장칼

기본 육수 만들기

멸치 국물 만들기

이번에는 아주 쉽고 간단하게 멸치 국물 만드는 법을 알려드릴게요. 과정은 간단하지만, 특유의 풍미가 진하게 배어 나오는 특급 레시피입니다. 멸치 국물은 한번 만들어놓으면 활용도가 매우 높죠. 내장이나 머리를 제거하지 않은 통멸치를 사용하지만 전혀 비리지 않답니다.

요리하기 전에 멸치의 내장과 머리는 제거하지 말고 그냥 요리하세요. 따로 말리거나 덖지 않아도 됩니다. 그래도 비린내가 전혀 나지 않으니, 걱정하지 말고 제 레시피를 따라 해보세요!

① 멸치 1줌(약 100g)을 흐르는 물에 살짝 씻는다.

② 통에 멸치를 넣고 생수를 부은 후 뚜껑을 닫는다(멸치와 생수는 1:1의 비율로 넣어주세요).

③ 냉장실에 2를 넣은 후 12시간 후에 꺼낸다.

④ 냄비에 3을 붓고 표고버섯과 다시마, 대파를 넣어 한소끔 끓인 뒤 스테인리스 스틸 채반으로 건더기를 걸러준다(이미 냉장실에서 충분히 우러난 만큼, 절대 오래 끓이지 말고 한소끔만 끓여야 합니다. 취향에 따라 물을 더 넣고 끓여도 괜찮아요).

※ 완성된 국물은 냉장실에 넣어두고 드세요. 약 3일간 보관할 수 있습니다.

즙 만들기

배즙 만들기

명절마다 들어오는 과일 선물 세트. 그중에서도 배는 즙으로 만들어 보관하면 쓸 데가 굉장히 많은 유용한 과일입니다. 닭발 요리나 김치, 갈비, 게장을 만들 때 넣을 수 있고, 아귀찜에 넣어 요리하면 맛을 더 배가해주죠. 배즙은 좋은 배로 만들어야 더 달고 양도 많아집니다. 따라서 배를 직접 구매해 만든다면 선물 세트용으로 구입하는 걸 추천합니다.

① 배를 흐르는 물에 씻는다.

② 식초 1큰술을 넣은 물에 배를 잠시 담갔다가 흐르는 물에 씻는다.

③ 배는 물기를 닦아 냉동실에 넣고 하루 동안 얼린다(얼린 배를 끓이면 즙이 훨씬 더 잘 나온답니다).

④ 하루 동안 얼린 배를 꺼내 실온에 약 3시간 동안 놓아두어 자연 해동한다.

⑤ 해동된 배는 씨 부분을 도려낸 후 한 입 크기로 썰어준다.

⑥ 압력밥솥에 5를 넣고 뚜껑을 닫은 후 강한 불로 끓인다.

⑦ 압력추가 울리면 약한 불로 줄여 1시간 더 끓인다.

⑧ 불을 끄고 김이 나갈 때까지 기다린다(소리가 나지 않을 때까지 김을 뺀 후 뚜껑을 열어주세요).

⑨ 소쿠리에 밭쳐 건더기를 걸러준다(저는 보통 하룻밤 정도 소쿠리에 밭친 채 놓아둡니다. 그러면 배를 면보에 짜지 않아도 밤새 즙이 계속 빠지면서 단맛이 더해진답니다. 그릇을 엎어 채반 밑에 받치면 장시간 밭쳐둘 수 있어요).

⑩ 식은 배즙을 잘 저은 후 병에 넣는다.

배즙은 이렇게 보관해요! 배즙을 보관하는 방법은 두 가지인데, 각자 편한 방법으로 보관해보세요.
1. 식힌 채로 병에 넣은 후 냉장실에 보관하기 2. 뜨거울 때 병에 넣은 후 서늘한 곳에서 거꾸로 뒤집어 보관하기

포도즙 만들기

일명 '마법의 엑기스'로 부르는 저만의 포도즙 레시피를 소개합니다. 고기 요리에 포도즙을 넣으면 육류의 잡내를 잡는 동시에 고기 맛까지 더욱 깊게 해줍니다. 물론 건강에 좋은 상큼한 주스로도 마실 수 있죠. 집집마다 꼭 구비해두어야 하는 진액입니다.

요리하기 전에 싱싱한 포도 보다 숙성된 포도를 사용하면 더욱 맛있습니다. 포도를 냉장실에 약 일주일간 넣어두어 숙성시킨 후 요리하세요.

① 압력밥솥에 적당량의 포도를 알알이 떼어 넣는다(압력밥솥이 없다면 스테인리스 스틸 냄비 중 두꺼운 것을 사용하세요).

② 손으로 포도를 으깬다.

③ 뚜껑을 닫고 강한 불로 끓이다가 추에서 소리가 나면 약한 불로 줄인다.

④ 압력이 다 빠지면 뚜껑을 열고 채반에 걸러준다(채반에 받친 채 하룻밤 정도 두면 굳이 면보로 포도를 짜지 않아도 즙이 완벽하게 걸러져요. 그릇을 엎어 채반 밑에 받치면 장시간 받쳐둘 수 있어요).

⑤ 완성된 포도즙은 유리병에 담아 냉장실에 보관한다.

※냉장실에서 1년 동안 보관할 수 있어요.

생강청

영자씨만의 생강청은 시중에 판매되는 생강청과 다릅니다. 첨가제를 넣지 않고 국산 생강을 듬뿍 담아 만들어 생강의 깊은 맛을 한층 더 많이 즐길 수 있어요. 잡내와 비린내를 잡아주기 때문에 고기 요리나 자신이 없는 요리에 사용하기 안성맞춤입니다. 생강 원물을 많이 넣었기 때문에 씹는 맛이 기분 좋고, 향은 진하지만 매운맛은 덜해 생강을 잘 먹지 못하는 분들이 즐기기에도 매우 좋습니다.

스페셜

꿀마늘 만들기

마늘은 면역력 증진에 탁월한 효과를 발휘하기 때문에 꼭 섭취해야 해요. 꿀에 재워 먹으면 생으로 먹는 것보다 마늘을 더 맛있게, 많이 먹을 수 있어요. 온 가족의 면역력을 지키는 저만의 비법을 소개합니다.

① 마늘은 껍질을 벗겨 물에 씻은 후 물기를 제거해 준비한다(햇마늘로 만들어야 단맛이 더 강해 맛있어요. 마늘은 알이 큰 걸로 준비해주세요. 큰 마늘에서 진액이 더 많이 나온답니다).

② 찜기에 마늘을 넣고 뚜껑을 덮은 후 찐다.

③ 김이 오르고 마늘 향이 나기 시작하면 뚜껑을 열고 마늘을 하나 꺼내 방망이로 으깨본다(방망이로 쉽게 으깨질 때까지 계속 쪄주세요).

④ 다 익은 마늘은 뜨거울 때 볼에 옮겨 담아 방망이로 으깬다(방망이 대신 주걱을 사용해도 잘 으깨져요).

⑤ 4를 한 김 식힌 후 꿀을 붓고 잘 섞는다(마늘과 꿀의 비율은 3:1입니다).

⑥ 완성된 꿀마늘을 통에 담는다(반씩 나눠 담아 각각 냉장실, 냉동실에 보관하는 것도 좋은 방법이에요. 냉장실에 둔 걸 먼저 먹고, 냉동실에 보관한 걸 나중에 먹으면 오래 보관할 수 있어요).

꿀마늘은 이렇게 먹어보세요! 면역력을 길러주는 것뿐 아니라 혈관 건강 증진에도 좋기로 소문난 마늘! 꿀마늘을 하루에 한 숟가락씩 떠먹기만 해도 건강에 좋다고 해요. 또는 식빵에 잼처럼 발라 먹을 수도 있는데, 마치 마늘빵 같은 맛이 나요. 식빵에 바른 뒤 오븐에 살짝 구우면 고급 디저트로 변신한답니다.

PART 01

맛있는
봄

1

👍 2.2만

양배추나물

피부에도 좋고 위에도 좋은 고마운 채소, 양배추를 나물로 무쳐볼 거예요. 볶아 먹는 것보다 훨씬 고소한데, 청양고추를 넣어 뒷맛이 개운하답니다.

재료	·양배추 1.5kg	·대파 60g	·청양고추 3개	·홍고추 3개	·참기름 2큰술
	·고춧가루 1큰술	·진간장 2큰술	·다진 마늘 1큰술	·통깨 2큰술	·소금(선택) 약간

❶ 양배추를 반으로 가른 후 심지를 잘라내고 얇게 채 썬다.

TIP. 양배추는 결대로 채 썰어야 모양이 망가지지 않아요. 채칼을 이용해도 좋아요.

❷ 채 썬 양배추를 흐르는 물에 헹군 후 채반에 밭쳐 물기를 뺀다.

❸ 찜기에 물이 끓어오르면 불을 끄고 양배추를 올린다.

TIP. 물 양이 많아도 괜찮아요.

❹ 다시 불을 켜고 뚜껑을 덮은 후 강한 불로 찐다.

❺ 대파, 청양고추, 홍고추는 송송 썬다.

❻ 양배추가 다 쪄지면 불을 끄고 볼에 담아 한 김 식힌다.

TIP. 무른 식감이 좋다면 좀 더 쪄주세요. 불을 끈 상태로 뚜껑을 덮어두면 안 돼요.

❼ 한 김 식힌 양배추에 참기름 2큰술을 두르고 살살 무친다.

❽ ❼에 고춧가루 1큰술, 진간장 2큰술, 다진 마늘 1큰술, 통깨 2큰술, 손질한 대파와 고추를 넣고 무친다.

TIP. 고춧가루는 기호에 따라 가감하고 싱거우면 소금을 더 넣어주세요.

2

👍 1.4만

얼갈이열무물김치

사이다를 넣은 것처럼 톡 쏘는 맛이 일품인 얼갈이열무물김치 레시피를 소개합니다. 국수를 삶아 넣으면 얼갈이열무물김치국수로도 먹을 수 있어요.

재료	·열무 1단(170g)	·얼갈이 170g	·소금(천일염) 70g	·물 2L	·보리가루 50g
	·고춧가루 2큰술	·쪽파 100g	·다진 마늘 30g	·생강청 30g	·소금 4큰술

❶ 열무는 뿌리 부분을 잘라내고 떡잎을 떼어낸 후 먹기 좋은 길이로 자른다.

TIP. 열무는 줄기 부분이 휘지 않고 '딱' 소리를 내며 부러지는 것이 좋아요.

❷ 얼갈이는 밑동을 자르고 떡잎을 떼어낸 다음 먹기 좋은 크기로 자른다.

TIP. 너무 굵은 것은 밑동에 칼집을 내 반으로 갈라주세요. 얼갈이는 너무 긴 것보다 짤막하고 연한 것으로 고르세요.

❸ 손질한 열무와 얼갈이를 흐르는 물에 여러 번 씻은 후 채반에 밭쳐 물기를 제거한다.

TIP. 씻을 때 너무 주무르지 말고 살살 흔들어 씻어주세요.

❹ 물기를 제거한 열무와 얼갈이에 소금 70g을 뿌려 20분 정도 절인다.

TIP. 손질한 재료와 소금은 세 번에 나눠 켜켜이 쌓아주세요.

❺ 냄비에 물 1L를 붓고 보리가루 50g을 넣어 곱게 푼다.

TIP. 보리가루가 없다면 찹쌀가루나 밀가루로 대체 가능해요.

❻ 불을 켜고 끓어오르면 저어가며 강한 불로 풀을 쑨다.

❼ 절인 열무와 얼갈이는 흐르는 물에 헹군 후 채반에 밭쳐 물기를 완전히 뺀다.

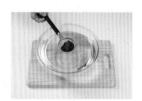

❽ 고춧가루 2큰술을 채반으로 걸러 물 1L에 넣는다.

❾ 쪽파는 흰 부분을 총총 썰고 파란 부분을 열무 길이보다 짧게 자른다.

❿ 큰 볼에 ⑥과 ⑧, 손질한 쪽파, 다진 마늘 30g, 생강청 30g, 소금 4큰술을 넣고 섞는다.

TIP. 소금이 완전히 녹으면 간을 보세요. 이때 간이 싱거우면 안 돼요. 열무의 쌉쌀한 맛을 없애고 싶다면 설탕 1큰술을 추가하세요.

⓫ 김치통에 ⑦을 담고 ⑩을 붓는다.

3 달걀말이밥

누구나 만드는 달걀말이지만, 오늘은 아무나 만들 수 없는 달걀말이 레시피를 알려드릴게요. 쫀득쫀득한 식감에 밥알이 흩어지지 않아 먹기 편할뿐더러 조금만 먹어도 속이 든든하답니다.

재료	·쪽파 약간	·빨간 파프리카 약간(½개)		·노란 파프리카 약간(½개)	
	·달걀 8개	·밥 120g	·소금 약간	·식용유 약간	·참기름 1큰술

❶ 쪽파는 송송 썰고 파프리카는 곱게 다진다.

TIP. 정해진 양과 재료가 있는 것은 아니에요. 쪽파가 없다면 대파나 청양고추도 좋고, 파프리카 대신 당근이나 단무지를 넣어도 좋아요. 냉장고 속 색감 있는 식재료를 다양하게 활용해보세요. 단, 채소가 너무 많으면 질척일 수 있으니 적당량만 사용하세요.

❷ 달걀흰자와 노른자를 분리해둔다.

❸ 볼에 ①과 참기름 1큰술, 소금 약간을 넣고 섞는다.

❹ ③에 달걀흰자와 밥을 넣고 섞는다.

❺ 노른자에 소금을 약간 넣고 잘 저어둔다.

❻ 팬을 예열한 후 식용유를 두른다.

TIP. 기름으로 꼼꼼하게 코팅해주세요.

❼ 팬이 뜨거워지면 불을 끄고 ④를 부어 얇게 펼친 후 강한 불로 올려 살짝 익힌다.

❽ 약한 불로 줄여 천천히 익힌 후 끝부분을 돌돌 말아 팬 위쪽으로 밀어 넣고, ④를 다시 부어 강한 불로 익힌 다음 같은 방법으로 말아준다.

TIP. 3회 정도 같은 방법으로 반복해서 말아주세요. 밥이 완전히 익어야 하니 꾹꾹 눌러주세요.

❾ 불을 끄고 달걀노른자를 얇게 부어 같은 방법으로 돌돌 말아준 후 먹기 좋은 크기로 썬다.

4

장떡

장떡을 떡처럼 쫄깃하고 쫀득하게 만드는 방법을 소개해드립니다. 깻잎 향이 된장하고 잘 어우러져 구수하고 맛있어요. 입맛 없는 봄에 먹기 아주 좋은 일품 반찬이랍니다.

재료	·부추 300g	·깻잎 80g	·홍고추 5개	·청양고추 5개	·밀가루 300g
	·된장 1큰술	·고추장 ½큰술	·물 300㎖	·식용유 약간	

❶ 부추는 4cm 길이로 썰고, 깻잎은 부추 굵기 정도로 채 썬다. 청양고추와 홍고추는 잘게 썬다.

TIP. 매운맛이 싫다면 청양고추 대신 일반 고추를 넣어도 좋아요.

❷ 볼에 ①을 넣고 섞는다.

❸ ②에 된장 1큰술, 고추장 ½ 큰술, 물 300㎖를 넣고 양념과 채소가 잘 어우러지게 조물조물 무친다.

TIP. 집마다 고추장과 된장 간이 다르니 맛을 보고 양을 조절하세요.

❹ ③에 밀가루 300g을 더해 반죽한다.

TIP. 밀가루는 한번에 다 넣지 말고 조금씩 넣으면서 반죽하세요. 장떡 반죽은 묽으면 안 돼요.

❺ 예열한 팬에 식용유를 두르고 반죽을 얇게 펼쳐 강한 불로 익힌다.

❻ 한쪽 면이 익으면 뒤집어서 꾹꾹 눌러주며 익힌다.

TIP. 꾹꾹 눌러주며 익혀야 쫀득하게 부쳐집니다.

5

👍 6.5천

꽈리고추조림

오늘 만들 꽈리고추조림에는 고추장을 넣어 감칠맛을 더할 거예요. 물엿까지 넣어 쫀득하게 조려보세요. 이만한 밥도둑이 없답니다.

재료	·꽈리고추 400g	·진간장 4큰술	·식용유 2큰술	·국간장 1큰술	·물 3큰술
	·물엿 2큰술	·설탕 1큰술	·고추장 1큰술	·참기름 약간	·대파 약간
	·통깨 약간	·다진 마늘 1큰술(수북이)			

❶ 꽈리고추는 꼭지를 따고 씻은 후 채반에 밭쳐 물기를 뺀다.

TIP. 꽈리고추는 끝이 뾰족한 것은 매운맛이 강한 반면, 둥근 것은 매운맛이 덜해요. 조림을 할 때는 둥글고 통통한 것으로 고르세요.

❷ 볼에 진간장 4큰술, 국간장 1큰술, 다진 마늘 1큰술, 물 3큰술, 물엿 2큰술, 식용유 2큰술, 설탕 1큰술, 고추장 1큰술을 넣고 잘 섞는다.

TIP. 간을 봤을 때 약간 짭조름해야 합니다. 짠맛이 싫다면 진간장 양을 조금 줄이세요.

❸ 웍에 ①과 ②를 넣고 뚜껑을 덮어 강한 불에 익힌다.

❹ 양념 냄새가 올라오면 뚜껑을 열고 뒤적이며 양념물이 자박해질 때까지 강한 불로 조린다.

❺ 송송 썬 대파를 넣고 양념물이 없어질 때까지 저으며 계속 강한 불로 조린다.

❻ 통깨 약간, 참기름 약간을 넣고 한번 섞은 다음 그릇으로 옮긴다.

TIP. 웍에 그대로 두면 물이 생기니 불을 끄면 바로 그릇으로 옮기세요.

6

👍 7.5천

쑥전

4월의 보약이라고 불리는 쑥전. 얼핏 쉬운 듯 보여도 밀가루 양 맞추는 게 여간 힘든 게 아니에요. 오늘은 반드시 성공하는 쑥전 레시피를 알려 드릴 테니 꼭 만들어보세요.

재료	·쑥 180g	·밀가루 70g	·소금 2g	·물 100㎖	·식용유 약간

❶ 쑥은 억센 줄기를 떼어내고 흐르는 물에 씻은 후 채반에 밭쳐 물기를 뺀다.

❷ 물기 뺀 쑥에 밀가루 70g과 소금 2g을 넣고 골고루 섞은 후 물 100㎖를 넣고 섞는다.

TIP. 밀가루는 한번에 다 넣지 말고 농도를 보면서 조금씩 추가하세요. 쑥전 반죽은 빡빡해야 해요.

❸ 달군 팬에 식용유를 살짝 두른다.

TIP. 쑥전은 기름이 많으면 안 돼요.

❹ 쑥 반죽을 얇게 펼친 후 강한 불로 올려 겉면이 노릇해질 때까지 앞뒤로 부친다.

TIP. 뒤집개로 꾹꾹 눌러가며 익히세요.

7 마늘종무침

마늘종은 생으로 먹으면 맵고 질기지만, 쪄서 갖은 양념을 넣어 조물조물 무쳐 먹으면 달큰하고 맛있답니다. 평소 마늘종무침에 자신이 없었다면 오늘은 꼭 이 방법으로 만들어보세요.

👍 4.5천

재료	·마늘종 400g	·밀가루 1큰술	·다진 대파 20g	·다진 마늘 20g	·참기름 1큰술
	·진간장 1큰술	·고춧가루 ½큰술	·국간장 ½큰술	·통깨 약간	

❶ 마늘종은 5㎝ 길이로 잘라 씻은 후 물기를 뺀다.

TIP. 마늘종은 색이 연하고 만졌을 때 부들부들하며 통통한 것을 고르세요.

❷ 볼에 ①을 담아 밀가루 1큰술을 넣고 골고루 버무린다.

TIP. 밀가루는 마늘종의 매운맛을 빼고 양념이 잘 묻게 해요.

❸ 찜기에 ②를 넣고 강한 불로 한소끔 찐다.

TIP. 너무 많이 찌면 색이 탁해지니 주의하세요.

❹ 찐 마늘종을 넓은 접시에 펼쳐 한 김 식힌다.

❺ 볼에 한 김 식힌 마늘종, 참기름 1큰술, 진간장 1큰술을 넣고 살살 무친 후 다진 대파와 마늘을 넣어 버무린다.

❻ ⑤에 통깨 약간, 고춧가루 ½큰술, 국간장 ½큰술을 넣어 버무린다.

TIP. 국간장 대신 소금으로 간을 맞춰도 됩니다.

8

👍 4.4천

열무김치

오늘 만들어볼 반찬은 열무김치예요. 말만 김치지, 만드는 법은 정말 간단하고 쉽습니다. 식은 밥을 넣어 오랫동안 싱싱하게 먹을 수 있어요.

재료	·열무 4kg(2단)	·오이 3개	·소금 200g	·홍고추 300g	·쪽파 200g
	·생강청 50g	·다진 마늘 150g	·새우젓 100g	·멸치액젓 200㎖	·식은 밥 300g
	·물 500㎖	·설탕 20g	·고춧가루 50g		

❶ 열무는 떡잎을 떼어내고 7cm 정도 길이로 자른다.

TIP. 취향에 따라 잘라주세요.

❷ ①을 흐르는 물에 깨끗이 씻은 후 물기를 제거한다.

❸ 그릇에 물기를 뺀 열무, 소금 200g을 세 번에 나누어 켜켜이 넣고 30분 정도 절인다.

TIP. 절이는 시간은 상태를 확인하며 조절해주세요. 더울 때는 소금 양을 조금 줄이고, 추울 때는 늘려주세요.

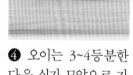

❹ 오이는 3~4등분한 다음 십자 모양으로 자른다.

❺ 믹서에 식은 밥 300g, 물 500㎖, 자른 홍고추를 넣고 간다.

TIP. 마른 고추가 있다면 살짝 불려 사용해도 좋아요.

❻ 볼에 ⑤와 새우젓 100g, 멸치액젓 200ml, 생강청 50g, 다진 마늘 150g, 설탕 20g, 적당한 길이로 자른 쪽파를 넣어 버무린다.

❼ 절인 열무는 채반에 받쳐 소금물을 뺀 후 흐르는 물에 한번 씻고 물기를 뺀다.

TIP. 물기 빼는 과정이 중요해요. 물기는 최대한 빼주세요.

❽ 김치통에 물기 뺀 열무, 고춧가루 50g, 오이, ⑥의 양념을 세 번에 나누어 켜켜이 담아 냉장 보관한다.

TIP. 하루 동안 숙성시킨 후 국물로 간을 보세요. 싱겁다면 소금이나 새우젓, 멸치액젓을 넣으세요.

9 미나리전

👍 4.4천

해독과 혈액을 정화하는 데 탁월한 효과가 있는 미나리로 전을 만들어 볼 거예요. 특히 오늘은 떡처럼 쫀득한 식감을 살리는 방법을 알려드릴 게요.

재료	·미나리 230g	·물 300㎖	·밀가루 120g	·들기름+식용유(1:1) 약간
	·소금 2g			

❶ 미나리는 깨끗하게 씻은 후 잎과 줄기 부분을 분리한다.

❷ 볼에 물 300㎖, 밀가루 120g, 소금 2g을 넣어 반죽물 을 만든다.

TIP. 미나리전은 반죽물이 묽어야 쫀득한 식감을 살릴 수 있어요.

❸ 예열한 프라이팬에 식용유 와 들기름을 1:1로 섞은 기름을 두른다.

❹ 미나리 줄기와 잎 부분을 고 루 섞어 반죽물을 묻힌 후 팬에 펼쳐 올린다.

TIP. 반죽물이 흐르지 않도록 해주세요.

❺ 반죽물 1큰술을 떠 미나리 위에 살살 뿌린 후 강한 불로 올리고 뒤집개로 꾹꾹 눌러가 며 부친다.

❻ 미나리 향이 올라오면 뒤집 어 노릇노릇하게 부친다.

10

👍 3,4천

쪽파김무침 [QR]

겨울을 난 쪽파는 굉장히 달고 맛있어요. 여기에 김까지 더해 고소하고 달달한 무침을 만들어볼게요.

재료	·쪽파 240g	·소금 6g	·물 2L	·건파래김 30g	·올리브유 1큰술
	·진간장 1큰술	·통깨 1큰술	·국간장 ½큰술	·참기름 1+½큰술	

❶ 쪽파는 밑동을 자르고 갈라지는 부분을 잘라 손질한다.

TIP. 쪽파는 뿌리에서 이어지는 흰 부분이 길고 통통한 것이 좋아요.

❷ 건파래김은 하나하나 뜯어 손질한 후 올리브유 1큰술, 참기름 1큰술을 넣고 버무린다.

TIP. 뭉쳐지지 않게 잘 뜯고, 남은 건파래김은 냉동 보관하세요.

❸ 끓는 물 2L에 소금 6g을 넣고 쪽파 머리 부분부터 넣어 데친다.

TIP. 살짝 뒤집어가며 한소끔만 데치면 됩니다. 너무 오래 데치면 흐물거려요.

❹ 데친 쪽파는 찬물에 헹군 후 꼭 짠다.

❺ ②에 데친 쪽파, 통깨 1큰술, 국간장 ½큰술, 진간장 1큰술을 넣고 무친다.

❻ 참기름 ½큰술을 넣어 무친 후 마무리한다.

11

👍 3.1천

우엉조림

가을 우엉은 식감이 부드럽고 아삭한 것이 특징입니다. 왠지 우엉조림
은 레시피가 복잡할 것 같죠? 놀랄 정도로 아주 간단한 방법을 소개해
드릴 테니 꼭 만들어보세요.

재료	·우엉 170g	·당근(선택) 적당량	·설탕 1큰술	·식용유 2큰술	·물엿 2큰술
	·진간장 3큰술	·통깨 약간			

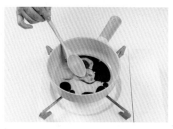

❶ 손질한 우엉과 당근은 편 썬다.

TIP. 채 썬 우엉을 구입해 사용해도 좋아
요. 당근이 없다면 생략하세요.

❷ 끓는 물에 손질한 당근과 우
엉을 넣고 살짝 데친다.

❸ 끓어오르기 전 누런 물이 우
러나오면 불을 끄고 채반에 밭
쳐 물기를 제거한다.

TIP. 끓을 때까지 두면 안 돼요.

❹ 팬에 식용유 2큰술, 설탕 1
큰술, 진간장 3큰술, 물엿 2큰
술을 넣고 섞는다.

TIP. 아직 불을 켜지 마세요.

❺ 불을 켠 후 물기 뺀 우엉과
당근을 넣어 강한 불로 조린다.

TIP. 팬에 양념물을 계속 끼얹으면서 조려
주세요.

❻ 양념물이 없어질 때까지 조
린 다음 불을 끄고 통깨를 뿌
린다.

12 부추김치

👍 3.2천

오늘은 조금 특별한 김치를 준비했습니다. 쉽게 구할 수 있는 부추로 건강에도 좋고 맛도 좋은 김치를 만드는 방법을 알려드릴게요.

| 재료 | ·부추 700g | ·새우젓 50g | ·생강청 30g | ·다진 마늘 50g | ·고춧가루 80g |
| | ·멸치액젓 80㎖ | ·설탕 ½큰술 | ·통깨 약간 | | |

❶ 흐르는 물에 씻어 물기를 뺀 부추와 고춧가루 80g을 보관통에 세 번에 나눠 켜켜이 담는다.

❷ 맨 위에 멸치액젓 80㎖, 생강청 30g, 다진 마늘 50g, 새우젓 50g, 설탕 ½큰술을 넣는다.

TIP. 4시간 정도 숨을 죽인 후 살살 뒤섞어 그릇에 담고 통깨를 뿌려 드세요.

13 봄깍두기

👍 3천

봄에 담는 깍두기는 가을에 담는 깍두기와 만드는 법이 다르다는 걸 아시나요? 봄에 나온 무는 가을 무보다 덜 달기 때문이에요. 오늘은 찹쌀풀을 이용해 봄깍두기를 맛있게 담그는 법을 알려드릴게요.

재료	·무 1.6㎏	·설탕 1큰술	·소금 10g	·물 200㎖	·쪽파 70g
	·고춧가루 50g	·생강청 30g	·새우젓 40g	·다진 마늘 60g	
	·습식 찹쌀가루 40g(건식일 경우 20g)				

❶ 무는 1.5×1.5×1.5㎝ 크기로 자른다.

TIP. 봄에 나온 무는 가을무에 비해 달지 않으므로 작게 썰어주는 것이 좋아요. 무는 초록 부분이 많은 것으로 고르세요.

❷ 그릇에 무, 설탕 1큰술, 소금 10g을 넣고 섞은 후 30분 정도 재운다.

❸ 냄비에 찹쌀가루 40g과 물 200㎖를 섞어 불에 올린 후 보글보글 끓어오르면 불을 끄고 식힌다.

❹ 재워둔 무는 채반에 밭쳐 물기를 뺀다.

TIP. 씻으면 안 돼요.

❺ 쪽파는 4㎝ 길이로 송송 썰어놓는다.

❻ 김치통에 물기 뺀 무와 ⑤, 고춧가루 50g, 생강청 30g, 새우젓 40g, 다진 마늘 60g, ③의 식은 찹쌀풀을 넣고 버무린다.

TIP. 다음 날 국물 맛을 보고 싱겁다면 액젓 20㎖나 천일염을 추가해서 드세요.

14

👍 2.8천

깻잎찜

이번에는 질긴 깻잎을 보들보들하게 요리하는 방법을 소개해드릴게요. 깻잎은 유독 한국인이 사랑하는 채소죠. 저만의 비법으로 부드러운 깻잎찜 만드는 법을 알려드릴게요.

재료	·깻잎 350g	·대파 250g	·고춧가루 20g	·다진 마늘 40g	·진간장 100㎖
	·들기름 50㎖	·홍고추 80g	·통깨 20g	·물(선택) 50㎖	

❶ 대파는 잘게 다지고 홍고추는 얇게 송송 썬다.

TIP. 홍고추가 없으면 생략해도 됩니다.

❷ 볼에 ①과 고춧가루 20g, 통깨 20g, 들기름 50㎖, 다진 마늘 40g, 진간장 100㎖를 넣고 섞는다.

TIP. 맛을 보고 짜다면 물 50㎖를 추가하세요.

❸ 깻잎 2~3장에 한 번씩 ②의 양념을 넣는다.

❹ 찜기에 넣을 수 있는 크기의 볼에 ③을 옮겨 담는다.

❺ 찜기의 물이 끓어오르면 ④를 넣고 뚜껑을 덮어 중탕으로 찐다.

❻ 양념물이 자박하게 생기면 아래쪽에 있던 깻잎을 위쪽으로 옮겨 한번 더 찐다.

❼ 완성되면 불을 끈 뒤 뚜껑을 열어 김을 날리고 그릇에 옮겨 담는다.

15 쑥국

👍 2.9천

봄에 먹기 좋은 맛있는 쑥국을 소개해드릴게요. 무를 넣어 시원하면서도 콩가루 덕분에 뒷맛이 구수한 별미랍니다.

재료	·쑥 100g	·무 100g	·다시마 1장	·멸치 국물 500㎖	·생콩가루 10g
	·찹쌀가루 10g	·된장 100g			

❶ 쑥은 떡잎을 제거하고 흐르는 물에 두 번 정도 헹군 후 채반에 밭쳐 물기를 제거한다.

❷ 무는 빗어 썬다.

TIP. 한쪽 면은 얇게, 반대쪽 면은 두툼하게 썰어줍니다.

❸ 다시마는 마른 천으로 겉을 닦는다.

❹ 냄비에 멸치 국물을 넣고 강한 불로 끓인다.

TIP. 멸치 국물은 물에 멸치를 넣어 하루 동안 우려내 만들어 두었어요.

❺ 물이 끓어오르면 멸치는 건져내고 다시마와 무를 넣고 다시 한소끔 끓인다.

❻ 볼에 쑥과 생콩가루 10g, 찹쌀가루 10g을 넣고 골고루 묻힌다.

❼ 국물이 끓어오르면 다시마를 건져낸다.

❽ 거름망으로 된장을 푼다.

TIP. 된장은 집마다 맛이 다르니, 취향에 따라 가감하세요.

❾ 팔팔 끓어오르면 ⑥을 넣는다.

❿ 한번 더 끓어오르면 거품을 걷어낸다.

16 마늘종새우볶음

👍 2.1천

국민 반찬 마늘종은 그냥 볶아도 맛있지만, 건새우와 함께 볶으면 감칠맛이 배가되어 훨씬 더 맛있습니다. 고운 고춧가루를 넣어 담백하게 먹어보세요.

재료	·마늘종 170g	·식용유 3큰술	·진간장 2큰술	·물엿 1큰술	·설탕 ½큰술
	·건새우 50g	·통깨 1큰술	·소금 약간	·다진 마늘 ½큰술	
	·고운 고춧가루 ½큰술				

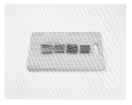

❶ 마늘종은 씻은 후 먹기 좋은 크기로 자른다.

TIP. 씨에 영양분이 많으니 버리지 마세요.

❷ 팬에 식용유 1큰술을 두르고 예열한 후 마늘종, 소금 약간을 넣어 강한 불로 볶는다.

❸ 마늘 향이 올라오면 불을 끄고 넓은 접시에 펼쳐 식힌다.

❹ 팬에 식용유 2큰술, 진간장 2큰술, 물엿 1큰술, 설탕 ½큰술을 넣어 섞은 후 끓인다.

❺ 소스가 끓어오르면 다진 마늘 ½큰술을 넣고 섞어준다.

❻ 마늘 향이 올라오면 건새우와 고춧가루 ½큰술을 넣어 볶는다.

❼ 건새우에 양념이 입혀지면 마늘종을 넣어 볶는다.

❽ 불을 끄고 통깨 1큰술을 넣어 잔열로 볶은 후 다른 그릇에 옮겨 한 김 식힌다.

TIP. 마늘종은 한번 볶아낸 것이니 너무 오래 조리할 필요는 없어요. 물이 생기니 프라이팬에 그대로 두고 식히지 마세요.

17 머위나물무침

향도 좋고 맛도 좋은 봄 대표 나물 머위로 만드는 반찬입니다. 마늘이나 파를 넣지 않고 간단한 양념만 사용하기 때문에 머위 향이 훨씬 더 잘 느껴져요. 입안 가득 퍼지는 상쾌한 향을 즐겨보세요.

재료	·머위나물 100g	·고추장 ½큰술	·된장 ¼큰술	·들기름 1큰술	·통깨 1큰술

❶ 머위나물은 끓는 물에 살짝 데친다.

TIP. 머위나물은 씻지 않고 바로 데치세요. 생으로 만지면 손이 까매지니 손질은 데친 후 하는 것이 좋아요.

❷ 데친 머위나물을 찬물에 헹군 후 채반에 밭쳐 물기를 뺀 다음 먹기 좋게 뜯는다.

TIP. 손으로 뜯으세요. 나물은 칼보다 손으로 손질하는 것이 좋아요.

❸ ②의 물기를 꾹 짠다.

TIP. 물기 짜는 과정이 굉장히 중요해요. 나물은 물기가 있으면 보기 안 좋아요.

❹ 볼에 ③과 고추장 ½큰술, 된장 ¼큰술, 들기름 1큰술, 통깨 1큰술을 넣고 살살 무친다.

18 주꾸미볶음

👍 2.3천

봄만 되면 생각나는 주꾸미는 대표적인 제철 해산물 중 하나입니다. 오동통한 주꾸미볶음에 고슬고슬 지은 쌀밥 한 그릇이면 보양식이 필요 없답니다.

재료	·주꾸미 1kg	·식용유 2큰술	·양배추 150g	·양파 1개	·대파 100g
	·당근 100g	·청·홍고추 6~7개	·배즙 100㎖	·다진 마늘 100g	·고추장 1큰술
	·고춧가루 5큰술	·진간장 3큰술	·참기름 3큰술	·설탕 1큰술	·굴소스 1큰술
	·통깨 1큰술				

❶ 주꾸미는 머리를 뒤집어 내장과 입을 제거하고 밀가루로 주물러 씻은 후 흐르는 물에 헹군 다음 채반에 밭쳐 물기를 뺀다.

❷ 볼에 ①을 넣고 끓는 물을 부어 살짝 데친 후 채반에 밭쳐둔다.

TIP. 삶으면 질겨지니 뜨거운 물을 부어 살짝 데칠 거예요. 단맛이 빠져나가니 너무 오래 두지 마세요.

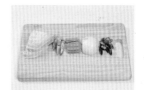

❸ 양배추와 양파, 대파는 굵게 채 썰고, 당근은 편 썰고, 고추는 어슷 썬다.

TIP. 양배추는 없으면 생략해도 됩니다.

❹ 볼에 배즙 100㎖와 다진 마늘 100g, 고추장 1큰술, 고춧가루 5큰술, 진간장 3큰술, 참기름 2큰술, 설탕 1큰술을 섞어 양념장을 만든다.

TIP. 배즙이 없다면 물에 설탕을 섞어 넣어도 됩니다.

❺ 주꾸미는 먹기 좋은 크기로 자른다.

TIP. 이때 손질하다 놓친 눈도 잘라내세요.

❻ 팬에 식용유 2큰술을 두르고 달궈지면 당근, 양파, 양배추, 고추, 대파 순으로 넣고 볶다가 채소 향이 올라오면 ④를 넣어 볶는다.

❼ 채소가 익으면 손질한 주꾸미를 넣고 강한 불에서 빠르게 볶는다.

❽ ⑦에 굴소스 1큰술을 넣고 볶다가 통깨 1큰술, 참기름 1큰술을 넣고 살짝 볶아서 마무리한다.

TIP. 해물에는 굴소스가 잘 어울려요. 굴소스가 없으면 진간장을 넣으세요. 더 빨간색을 내려면 고춧가루를 추가하세요.

19

👍 2천

콩나물밥(feat. 달래장)

솥에 쌀을 넣고 그 위에 콩나물을 고루 얹어 지은 밥입니다. 고소한 양념장을 곁들여 슥삭슥삭 비벼 먹어보세요. 날마다 먹고 싶은 봄철 별미랍니다.

재료	콩나물밥	·쌀 300g	·콩나물 300g	·물 300㎖	·우둔살 60g
	·다진 대파(흰부분) 20g	·다진 마늘 2g	·진간장 ½큰술	·참기름 ½큰술
	달래장	·달래 100g	·대파 10g	·다진 마늘 10g	·진간장 90㎖
	·국간장 15㎖	·고춧가루 20g	·통깨 2큰술	·참기름 2큰술

❶ 소고기 우둔살은 키친타월로 핏물을 제거한 후 채 썬다.

❷ 볼에 ①과 다진 대파 20g, 다진 마늘 2g, 진간장 ½큰술, 참기름 ½큰술을 넣어 양념을 만든다.

❸ 1시간 정도 불린 쌀과 콩나물, ②를 냄비에 3~4번에 나누어 켜켜이 담고 물 300㎖를 넣어 강한 불에 끓인다.

TIP. 콩나물밥은 전기밥솥이나 압력밥솥에 하면 맛이 없어요. 쌀은 충분히 불려주세요. 불을 끌 때까지 뚜껑을 덮고 끓여주세요.

❹ 6분 후 김이 올라오면 중간 불로 줄여 10분 정도 끓인 후 다시 약한 불로 줄여 20분 정도 끓인다. 불을 끈 후 5분 정도 뜸을 들인 다음 그릇에 옮겨 담아 달래장을 넣어 비벼 먹는다.

※ 달래양념장 만들기

① 달래는 깨끗이 씻은 후 잘게 썰고, 대파는 송송 썬다.
TIP. 달래 씻을 때 뿌리 밑에 있는 흙을 잘 제거해주세요.

② 볼에 달래, 대파, 다진 마늘 10g, 진간장 90㎖, 국간장 15㎖, 고춧가루 20g, 곱게 간 통깨 2큰술, 참기름 2큰술을 넣고 섞는다.

20 톳두부무침

👍 6.2천

바다의 산삼이라 불리는 톳을 이용한 두부무침입니다. 다른 나물 반찬에서는 좀처럼 맛볼 수 없는 오독오독한 식감이 일품이에요.

재료	·톳 500g	·두부 400g	·통깨 1큰술	·참기름 2큰술	·다진 마늘 약간
	·천일염 약간				

❶ 톳은 옆줄기를 손으로 훑어 분리해 흐르는 물에 세 번 정도 씻는다.

TIP. 톳을 손질할 때는 가위를 사용하지 마세요. 고유의 오독한 식감이 없어지기 때문이에요. 톳은 옆줄기가 많이 붙어 있고 만졌을 때 미끈거리지 않는 것으로 고르세요.

❷ ①을 끓는 물에 살짝 데친 후 찬물에 담가둔다.

TIP. 오래 데치지 마세요. 톳 색이 파래지면 바로 건져내세요.

❸ 두부는 끓는 물에 삶은 후 칼등으로 곱게 으깨 면보로 물기를 짠다.

TIP. 물기가 없어야 톳나물을 무칠 때 질척거리지 않아요.

❹ 볼에 물기를 제거한 톳과 ③, 통깨 1큰술, 참기름 2큰술, 다진 마늘과 천일염 약간을 넣은 후 살살 무친다.

TIP. 손에 힘을 빼고 살살 무치세요.

PART 02
────────

맛있는
여름

21 콩나물어묵잡채

👍 1.8만

잔칫날 빼놓을 수 없는 잡채. 아직도 이것저것 볶고 데치며 힘들게 만드시나요? 만들 때마다 부엌이 난장판이 되는 잡채를 아주 쉽게 만드는 방법을 알려드릴게요.

재료	·콩나물 200g	·물 500㎖	·소금 약간	·어묵 150g	·당면 150g
	·설탕 1큰술	·참기름 3큰술	·진간장 2큰술	·통깨 1큰술	·고춧가루 1큰술
	·다진 대파 1+½큰술		·다진 마늘 1+½큰술		

❶ 콩나물은 씻은 후 물기를 뺀다.

❷ 웍에 콩나물, 소금 약간, 물 500㎖를 넣은 후 뚜껑을 닫아 강한 불로 삶는다.

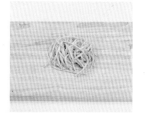

❸ 콩나물을 삶는 동안 어묵을 길게 채 썬다.

TIP. 돌돌 말아 썰면 편해요.

❹ ②의 웍에서 콩나물 냄새가 올라오면 한번 뒤섞어준 후 채반에 건져 식힌다.

❺ 끓는 물에 ③을 살짝 데친 후 채반에 건져 식힌다.

TIP. 빠르게 데쳐주세요.

❻ 끓는 물에 당면을 넣고 7~8분 정도 삶은 후 찬물에 헹궈서 물기를 뺀다.

TIP. 10분 안쪽으로 익은 정도를 확인하면서 삶으세요. 당면 종류, 화력, 냄비에 따라 삶는 시간이 달라져요.

❼ 볼에 당면, 설탕 1큰술, 참기름 1큰술을 넣고 살짝 버무린다.

❽ ⑦에 완전히 식힌 ④와 ⑤, 다진 대파 1+½큰술, 다진 마늘 1+½큰술, 고춧가루 1큰술, 진간장 2큰술, 통깨 1큰술, 참기름 2큰술을 넣고 버무린다.

22

👍 1.3만

여름배추김치

무조건 재료를 많이 넣는다고 김치가 맛있어지는 게 아니에요. 재료보다는 레시피가 중요하죠. 고추를 이용해 첫맛도 끝맛도 시원한 김치 만드는 방법을 알려드릴게요.

재료	·배추 18kg(2망)	·소금 1.5kg	·무 2kg	·쪽파 500g	·홍고추 800g
	·물 1L	·멸치액젓 500㎖	·새우젓 200g	·생강청 200g	·다진 마늘 400g
	·고춧가루 800g				

❶ 배추는 밑동을 자르고 떡잎을 떼어낸 후, ½ 지점까지 십자로 칼집을 낸다.

❷ 그릇에 물을 붓고 소금 1.5kg을 넣어 완전히 녹여준다.

TIP. 물 양은 그릇에 배추를 배꼽부터 세운 후 약 80% 잠길 정도면 됩니다.

❸ ②에 배추를 넣고 5시간 정도 절인다.

TIP. 가끔 한 번씩 뒤집어주세요. 2시간 정도 후 칼집 넣은 부분을 잡고 4등분해 3시간 정도 더 절이면 됩니다.

❹ 절인 배추는 채반에 건져 소금물을 빼고, 흐르는 물에 세 번 헹군 후 다시 채반에 건져 물기를 뺀다.

❺ 무는 채 썰고, 쪽파는 4㎝ 길이로 썰고, 홍고추는 길게 반으로 가른 후 3~4등분한다.

❻ 믹서에 홍고추와 물 1L를 넣고 간다.

❼ 볼에 ⑤와 ⑥, 멸치액젓 500㎖, 새우젓 200g, 생강청 200g, 다진 마늘 400g, 고춧가루 800g을 넣고 버무린다.

TIP. 홍고추를 넣었다고 고춧가루를 생략하지 마세요. 그래야 색도 예쁘고 맛도 겉돌지 않아요.

❽ 물기를 뺀 배추에 양념을 발라 김치통에 넣는다.

23 부추전

👍 1만

비 오는 날이면 어김없이 생각나는 부추전. 이번엔 당면을 넣어 입안에서 톡톡 터지는 식감을 살린 부추전을 만들어볼 거예요. 바삭하기보단 보들보들한 식감인데, 부드럽고 얇은 반죽이 특히 매력적이에요.

| 재료 | ·부추 300g | ·당면 100g | ·달걀 3개 | ·소금 약간 | ·물 500㎖ |
| | ·밀가루 100g | ·식용유 약간 | ·청양고추(오이고추) 7개 | | |

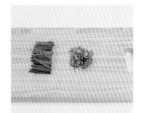

❶ 부추는 4~5㎝ 길이로 자르고, 청양고추는 어슷 썬다.

TIP. 아이들이 먹는다면 청양고추 대신 오이고추를 사용하세요.

❷ 끓는 물에 당면을 넣고 삶는다.

TIP. 속 재료에 들어갈 당면은 씹히는 것 없이 보들보들하게 푹 삶아야 해요.

❸ 삶은 당면을 찬물에 헹군 후 물기를 빼고 자른다.

❹ 볼에 ①과 ③, 달걀, 소금 약간, 물 500㎖, 밀가루 100g을 넣고 섞는다.

TIP. 반죽이 묽어야 해요. 이때 간을 보고 싱겁다면 소금을 더 추가하세요.

❺ 팬에 식용유를 둘러 강한 불로 달군다.

❻ 부추 반죽을 넓게 펼친 후 고명으로 청양고추를 올린다.

TIP. 어슷 썬 홍고추를 더해 올려도 좋아요. 불은 계속 강한 불입니다.

❼ 팬을 흔들었을 때 전이 움직이면 뒤집어 익힌다.

TIP. 뒤집은 후 꾹꾹 눌러 수분을 빼면서 부치세요.

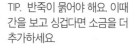

24 가지무침

쫀득한 식감이 일품인 가지무침 레시피를 소개합니다. 여름 반찬으로 이만한 게 또 없죠. 보들보들하고 맛있어서 가지를 좋아하지 않는 사람도 잘 먹을 수 있어요.

재료	·가지 5개	·밀가루 4큰술(수북이)	·실파 50g	·청·홍고추 30g
	·국간장 ½큰술	·진간장 ½큰술	·소금(선택) 약간	·다진마늘 1큰술
	·통깨 약간	·참기름 2큰술		

❶ 가지는 3등분한 후 엄지손가락 크기로 자른다.

❷ 비닐봉지 안에 ①과 밀가루 4큰술을 넣고 흔든다.

TIP. 밀가루가 가지에 잘 입혀지게 여러 번 흔들어주세요.

❸ 찜기에 물이 끓어오르면 불을 끄고 ②의 가지를 올린 후 뚜껑을 덮고 다시 불을 켠다.

TIP. 밀가루가 떨어지지 않게 조금씩 꺼내 찜기에 올리세요.

❹ 강한 불에서 5분 정도 찐 후 넓은 접시로 옮겨 한 김 식힌다.

TIP. 뚜껑 덮고 뜸을 들이면 절대 안 돼요.

❺ 실파는 송송 썰고, 청·홍고추는 다진다.

❻ 볼에 식힌 가지, 참기름 2큰술을 넣고 젓가락으로 살살 무친다.

❼ 진간장 ½큰술, 국간장 ½큰술, 통깨 약간, ⑤, 다진 마늘 1큰술을 넣고 살살 무친다.

TIP. 간을 보고 싱겁다면 소금을 추가하세요.

25 감자전

이번에 소개할 감자전은 튀김처럼 바삭바삭한 감자전이에요. 물기 없이 쫄깃하면서도 겉은 바삭하기 때문에 어른 아이 할 것 없이 누구나 좋아한답니다.

재료	·감자 3개	·식용유 약간	·치즈(선택) 약간	·토마토케첩(선택) 약간
	·소금(선택) 약간			

❶ 감자는 강판에 간다.

TIP. 강판에 갈 때는 계속 한 방향으로 가는 것보다 감자를 돌려가며 모서리를 갈면 훨씬 쉬워요.

❷ ①을 채반에 걸러 감자물은 따라내 버리고 그릇에 남은 감자 전분과 채반에 걸러진 감자를 섞어 반죽한다.

TIP. 감자 3개를 한번에 모두 갈지 말고 하나씩 갈면서 부쳐야 갈변되지 않아요.

❸ 팬에 식용유를 충분히 두른 후 ②의 반죽을 1큰술씩 도톰하게 떠 팬에 올려 강한 불로 부친다.

TIP. 감자전은 식용유를 충분히 둘러 부쳐야 맛있어요. 취향에 따라 물기 뺀 감자에 소금으로 간을 해도 좋아요.

❹ 팬을 흔들어 감자가 살살 움직이면, 중약불로 줄인 후 천천히 익히고, 한 면이 다 익으면 뒤집어 약한 불로 줄여 노릇하게 익힌다.

TIP. 팬에 기름이 없으면 탈 수 있으니 넉넉히 기름을 보충하면서 부치세요. 슬라이스 치즈를 4등분해 감자전 위에 올리고 토마토케첩을 뿌려도 좋아요.

26 오이소박이

👍 6.6천

가정에서 쉽게 만드는 대표적인 반찬, 오이소박이를 조금은 특별하게 만드는 법을 소개하려고 해요. 오래 두어도 물러지지 않고 계속 아삭함을 유지할 수 있는 비법이 담겨 있답니다.

재료	·오이 14개	·소금 50g	·부추 400g	·새우젓 50g	·멸치액젓 60㎖
	·다진 마늘 60g	·고춧가루 80g	·생강청 30g		

❶ 오이는 꼭지를 자르고 칼끝을 이용해 오돌오돌한 부분을 살살 긁어 제거한 후 흐르는 물에 씻은 다음 채반에 얹어 물기를 뺀다.

❷ 물기 뺀 오이를 반으로 자른다.

TIP. 오이는 휘지 않고 위아래 굵기가 동일한 것이 좋아요.

❸ 볼에 ②와 소금 50g을 넣은 후 30분 정도 절인다.

TIP. 오이는 짜게 절이면 안 돼요. 빠르게 절이고 싶어 소금을 많이 넣으면 오이에 짠 물이 들어 아무리 간을 싱겁게 해도 짜져요. 소금 양을 지켜주세요. 오이를 비틀었을 때 겉면이 보들하면 적당히 절여진 거예요.

❹ 절인 오이에 관통하듯 십자로 칼집을 낸다.

❺ 흐르는 물에 ④를 두 번 정도 씻어 소금기를 없앤 후 채반에 얹어 물기를 뺀다.

❻ 부추는 깨끗이 씻어 3~4cm 길이로 자른다.

❼ 큰 볼에 ⑥과 새우젓 50g, 멸치액젓 60㎖, 다진 마늘 60g, 고춧가루 80g, 생강청 30g을 넣고 살살 버무린다.

TIP. 잠시만 두면 부추 숨이 죽어요. 이때 간을 보면 좋아요. 새우젓이 싫다면 소금 간을 더하고, 생강청 대신 생강을 넣고 싶다면 설탕을 1큰술 정도 추가하세요.

❽ 칼집 낸 오이 속에 ⑦을 쏙쏙 집어넣어 김치통에 담아 냉장 보관한다.

TIP. 양념을 먼저 4등분한 후 한 덩어리씩 오이 7개에 골고루 나누어 넣으세요. 그러면 넘치거나 모자람 없이 양념을 모두 사용할 수 있어요.

27 애호박전

5.7천

애호박전을 만들 때 밀가루를 너무 많이 넣지 말고 조금만 넣어보세요.
대신 호박을 많이 넣으면 달큰한 맛을 더욱 배가할 수 있습니다.

재료	·애호박 2개	·들기름+식용유(1 : 1) 약간	·밀가루 200g	·물 200㎖
	·소금 ½큰술	·고추장 ½큰술		

❶ 애호박은 채 썬다.

❷ 볼에 채 썬 애호박, 소금 ½ 큰술을 넣고 5분 정도 절인다.

❸ ②를 찬물에 헹군 후 물기를 뺀다.

❹ 볼에 1개 분량의 호박채, 밀 가루 100g, 물 100㎖를 넣고 손 으로 살살 반죽한다.

❺ 또 다른 볼에 1개 분량의 호 박채, 밀가루 100g, 고추장 ½큰 술, 물 100ml를 넣고 반죽한다.

❻ 팬에 들기름과 식용유를 1:1 로 섞어 살짝 두른 후 강한 불 로 각각의 반죽을 부친다.

TIP. 4번 반죽 먼저 부친 후 5번 반죽을 부 치세요. 호박전은 부치는 과정에서도 물 이 나오기 때문에 부칠 때 꼭꼭 누르면서 부쳐야 해요. 진간장에 청양고추를 잘게 썰어 넣어 곁들이세요.

28

👍 5.9천

오이지

시어머니께 배운 100년 된 오이지 레시피를 공개합니다. 1년 내내 두고 먹어도 무르거나 맛이 변하지 않아요. 더운 여름날 찬물에 동동 띄워 먹어도 맛있고, 무쳐서 먹어도 맛있어요.

재료	·오이 50개	·물 8L	·소금 1㎏

❶ 오이는 흐르는 물에 씻는다.

TIP. 상처가 나지 않도록 조심하세요. 상처 나면 무를 수 있어요.

❷ 물기를 뺀 ①을 김치통에 지그재그로 넣는다.

❸ 냄비에 물 8L를 붓고 소금 1㎏를 넣어 녹인다.

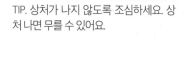

❹ 소금이 다 녹으면 불을 켜고 뚜껑을 덮어 강한 불에서 팔팔 끓인다.

❺ ②의 오이 위에 누름돌을 얹거나 접시를 뒤집어 올린 후 그 위로 ④의 뜨거운 소금물을 붓는다.

TIP. 접시 위로 물을 부어야 뜨거운 물이 골고루 부어져요.

❻ 접시 위에 무거운 누름돌을 올리고 완전히 식힌 후 뚜껑을 덮는다.

TIP. 누름돌이 없다면 빈 그릇에 물을 채워 활용하세요. 서늘한 곳에 2주 정도 보관한 후 김치냉장고에 넣으세요.

29 양배추물김치

위에도 좋고 피부에도 좋은 양배추를 이용해 물김치를 만들어보세요. 김치는 원래도 건강에 매우 좋다는 사실, 잘 아시죠? 양배추와 만나면 또 하나의 보약이 된답니다.

재료	·양배추 2kg	·소금 4큰술	·물 2L	·말린 비트 20g	·다진 마늘 1큰술
	·생강청 ½큰술	·실파 50g	·설탕 1큰술		

❶ 양배추는 4등분해 굵은 심지를 제거하고 먹기 좋은 크기로 썬 다음 흐르는 물에 깨끗이 씻어 물기를 뺀다.

❷ 볼에 ①을 담고 소금 2큰술을 넣어 1시간 정도 절인다.

❸ 절인 양배추를 흐르는 물에 씻어 소금기를 제거한 후 채반에 얹어 물기를 뺀다.

❹ 김치통에 물 2L, 말린 비트, ③, 숭덩숭덩 자른 실파, 설탕 1큰술, 다진 마늘 1큰술, 생강청 ½큰술, 소금 2큰술을 넣어 보관한다.

TIP. 생비트를 그냥 넣으면 흙내가 나니, 꼭 말린 비트를 사용하세요.

30 된장깻잎장아찌

👍 3.7천

한번 먹으면 계속 생각나서 잊을 수 없는 된장깻잎장아찌 레시피를 소개합니다. 일반적인 깻잎무침이나 장아찌와는 다른 맛이에요. 이거 하나면 밥 한 그릇 뚝딱입니다.

재료	·메주콩 100g	·깻잎 800g	·된장 1큰술	·물 500㎖ 이상	·다진 마늘 1큰술
	·청양고추(선택) 2개		·집된장 3큰술(수북이)		

❶ 깻잎을 흐르는 물에 씻은 후 물기를 뺀다.

❷ 메주콩은 물에 3시간 정도 불린다.

TIP. 이걸 삶아 콩 삶은 물 200㎖를 만들 거예요. 그러므로 물을 최소 200㎖ 이상 넉넉하게 잡아주세요.

❸ 냄비에 ②를 넣고 강한 불로 끓이다 물이 끓어오르면 된장 1큰술을 넣는다.

TIP. 된장은 끓어 넘치지 말라고 넣는 거예요.

❹ 뚜껑을 덮은 후 약한 불로 줄여 완전히 삶은 다음 채반에 걸러 식힌다.

TIP. 콩을 만졌을 때 뭉그러질 정도로 삶으세요. 거른 물은 버리지 마세요.

❺ 콩 삶은 물 200㎖와 물 300㎖, 삶은 콩을 준비한다.

TIP. 콩 삶은 물 양이 적으면 물을 더 넣으세요.

❻ 볼에 ⑤를 넣은 후 핸드 믹서로 곱게 간다.

TIP. 콩이 잠길 만큼만 콩 삶은 물과 물을 섞어 넣으세요.

❼ ⑥에 집된장 3큰술, 남은 콩 삶은 물, 다진 마늘 1큰술을 넣고 섞고 청양고추 2개를 적당한 크기로 잘라 넣는다.

TIP. 이때 간이 딱 맞아야 해요. 싱겁거나 짜면 안 돼요.

❽ 찜기에 김이 오르면 불을 끄고 깻잎을 여러 장씩 겹쳐서 나누어 올린 후 강한 불에 찐다.

❾ 찜기에 다시 한번 김이 올라오고 깻잎 냄새가 나면 깻잎을 채반에 내려 한 김 식힌다.

TIP. 아주 살짝만 쪄야 부드러워요.

❿ 보관통에 깻잎을 넣고 ⑦의 양념을 골고루 뿌린다.

TIP. 깻잎과 양념장을 켜켜이 쌓으세요.

31 표고버섯볶음

👍 1.6만

버섯을 별로 좋아하지 않는 사람도 맛있게 먹을 수 있는 버섯볶음 레시피를 알려드릴게요. 표고버섯을 이용해 고소하게 볶아내는 요리로, 쫄깃한 맛이 좋아 아이의 편식도 바로잡을 수 있답니다.

재료	·표고버섯 300g	·대파 약간	·참기름 1큰술	·소금 약간	·통깨 1큰술
	·물 3큰술				

❶ 표고버섯의 꼭지를 칼이나 가위로 자른 후 흐르는 물로 살짝 씻는다.

TIP. 갓의 바깥쪽이 아닌 안쪽으로 물을 흘려야 이물질을 제대로 제거할 수 있어요. 떼어낸 꼭지는 버리지 말고 된장찌개를 끓이거나 육수를 낼 때 사용해 더 깊은 맛을 내보세요.

❷ ①을 최대한 얇게 썰어 준비하고 대파도 채 썰어 준비한다.

TIP. 표고버섯은 두껍게 썰면 감칠맛이 덜해요. 대파를 손가락 길이만큼 자른 후 반으로 잘라 기존에 말려 있던 방향이 아닌 다른 방향으로 돌돌 말아 채를 썰면 길이감을 그대로 유지할 수 있습니다.

❸ 예열한 팬에 표고버섯을 넣고 강한 불로 볶는다.

TIP. 기름을 두르지 않는 게 포인트예요.

❹ 버섯이 익기 시작하면 물 3큰술을 붓고 약한 불로 줄여 계속 볶는다.

❺ 불을 끈 후 채 썬 대파와 통깨 1큰술, 참기름 1큰술을 넣고 섞은 후 소금으로 간한다.

32

쪽파김치

단언컨대 이 쪽파김치는 여러분이 먹어본 것 중 가장 맛있는 쪽파김치일 거예요. 한번에 많이 만들지 말고 조금씩 만들어 바로 드세요.

👍 3.7천

재료	·쪽파 1.5kg	·다진 마늘 100g	·새우젓 80g	·멸치액젓 100㎖
	·고춧가루 100g	·설탕 40g	·생강청 30g	

❶ 쪽파는 세척 후 물기를 뺀다.

❷ 큰 그릇에 ①과 고춧가루 100g, 다진 마늘 100g, 생강청 30g, 설탕 40g, 새우젓 80g을 차례대로 3~4회에 걸쳐 켜켜이 쌓는다. 맨 마지막에 멸치액젓 100㎖를 골고루 뿌린다.

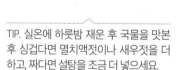

TIP. 실온에 하룻밤 재운 후 국물을 맛본 후 싱겁다면 멸치액젓이나 새우젓을 더 하고, 짜다면 설탕을 조금 더 넣으세요.

❸ 하루 동안 재운 후 한움큼씩 잡아 돌돌 말아서 김치통에 넣어 보관한다.

33 삼계탕

국물이 진한 삼계탕 한 그릇이면 웬만한 보약도 부럽지 않죠. 더운 여름이나 기가 약해졌다 싶을 때 간단히 만들어 먹어보세요.

👍 3.5천

재료	·닭 1.3㎏	·찹쌀 450g	·물 4L	·마늘 100g	·은행 50g
	·대추 50g	·밤 100g	·인삼 30g(1뿌리)		

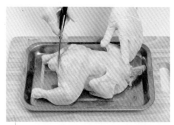

❶ 생닭은 기름 많은 부위를 제거하고 흐르는 물에 깨끗이 씻는다.

❷ 찹쌀은 씻어서 물기를 뺀 후 면 주머니에 넣어 준비한다.

TIP. 주머니는 적당히 공간을 주고 묶어주세요.

❸ 냄비에 손질한 닭과 ②, 분량의 마늘, 밤, 대추, 은행, 인삼을 넣고 재료가 푹 잠길 만큼 물 4L를 부어 1시간 정도 강한 불로 끓인다.

TIP. 30분 정도 지났을 때 찰밥이 든 면 주머니를 한번 뒤적여주세요.

❹ 면 주머니에서 찰밥을 꺼내 그릇에 담아 삼계탕과 함께 차려 낸다.

TIP. 면 주머니 속 찰밥은 뜨거울 때 꺼내야 들러붙지 않아요.

34 팽이버섯냉채

👍 2천

더운 여름, 집 나간 입맛을 찾아줄 별미 레시피를 준비했습니다. 만드는 법이 간단한데, 특히 가스 불 앞에 오래 있지 않아도 되기 때문에 더운 여름에 만들기 좋은 메뉴입니다.

재료	·팽이버섯 500g	·오이 1개	·파프리카 2개	·게맛살 200g	·연겨자 20g
	·설탕 30g	·식초 30㎖	·소금 약간	·다진 마늘 ½큰술	

❶ 팽이버섯은 밑동을 자른 후 가닥가닥 떼어내고, 게맛살은 결대로 찢으세요.

❷ 오이는 5㎝ 정도 길이로 자른 후 돌려 깎기해 도톰하게 채 썰고, 파프리카는 아래위를 자른 후 중간을 세로로 자른 다음 심을 제거하고 채 썰어주세요.

TIP. 파프리카가 대신 당근을 넣어도 좋아요.

❸ 끓는 냄비에 버섯을 넣고 살짝 데치세요.

❹ 데친 팽이버섯은 바로 찬물에 씻어주세요.

TIP. 식감을 오돌오돌하게 만드는 비결입니다.

❺ 볼에 식초 30㎖, 설탕 30g, 소금 약간, 연겨자 20g, 다진 마늘 ½큰술을 넣고 녹여주세요.

❻ 볼에 물기를 쪽 뺀 팽이버섯과 오이, 게맛살, 파프리카를 넣고 섞어주세요.

❼ ⑥에 ⑤의 소스를 넣고 섞어주세요.

TIP. 냉장고에 넣고 차게 하면 더욱 더 맛있게 드실 수 있어요.

35

👍 2.7천

아삭이고추된장무침

감자를 넣어 된장의 짠맛을 잡은 고추된장무침입니다. 아삭이고추로 만들어 식감을 살렸기 때문에 입맛 없을 때 먹기 좋은 반찬이에요. 속이 편하고 개운한 맛이 일품입니다.

재료	·오이고추 500g	·감자 100g	·마늘 60g	·된장 300g	·통깨 20g
	·참기름 2큰술				

❶ 껍질 깐 감자는 삶아서 으깨고, 오이고추는 2㎝ 길이로 썰고, 마늘은 편 썬다.

❷ 볼에 으깬 감자, 된장 300g을 넣고 섞는다.

❸ ②에 통깨 20g, 참기름 2큰술을 넣고 섞는다.

TIP. 참기름은 취향에 따라 가감하세요.

❹ ③에 고추와 마늘을 넣고 무친다.

36

섞박지

유명 곰탕집 섞박지를 집에서 직접 담가보세요. 소금 대신 설탕으로 수분을 빼 짜지 않아요.

👍 2.4천

재료	·무 4kg	·고춧가루 100g	·설탕 300g	·소금 50g	·생강청 50g
	·새우젓 70g	·다진 마늘 80g	·대파 60g	·멸치액젓 100㎖	

❶ 무는 깨끗이 씻은 후 흠집 있는 곳만 살짝 긁어내고 큼직하게 썬다.

TIP. 껍질은 벗기지 않아요. 모양이 정해진 것은 아니니 편하게 썰어도 돼요.

❷ 김치통에 손질한 무와 설탕 300g을 넣고 골고루 버무려 2~3시간 후 한번 뒤적인 다음 냉장고에 넣어 하룻밤 숙성시킨다.

TIP. 2~3시간에 한번씩 뒤적여주세요.

❸ 숙성시킨 ②를 채반에 얹어 물기를 뺀다.

❹ 김치통에 ③과 어슷 썬 대파, 새우젓 70g, 소금 50g, 다진 마늘 80g, 멸치액젓 100㎖, 고춧가루 100g, 생강청 50g을 넣고 버무린다.

TIP. 하루 정도 지난 후 국물로 간을 맞춰보세요. 취향에 따라 소금을 더해도 좋아요. 다시 하루 정도 실온에 둔 후 냉장고에서 2주 정도 숙성하면 맛있는 섞박지가 완성됩니다.

37 훈제오리부추볶음

👍 2.7천

성질이 찬 오리와 따뜻한 부추는 최고의 궁합을 자랑하는 식재료입니다. 오리고기를 끓는 물에 데쳐 기름 없이 담백하게 즐길 수 있어요.

재료	·훈제 오리 500g	·양파 200g(1개)	·부추 300g	·고추 30g(청·홍고추 각 1개)
	·다진 마늘 1큰술	·진간장 1큰술	·참기름 1큰술	·통깨 약간

❶ 냄비에 물을 넣고 끓어오르면 불을 끈 후 훈제 오리를 넣어 살짝 데친다.

❷ ①을 채반에 올려 물기를 제거한다.

❸ 부추는 4㎝ 길이로 썰고, 양파는 얇게 채 썰고, 고추는 어슷 썬다.

❹ 예열한 팬에 기름 없이 강한 불로 양파를 볶는다.

TIP. 삶는 것이 아니에요. 살짝 데치세요. 그냥 조리해도 맛있지만 데치면 기름기가 빠져 담백해져요.

❺ 양파 숨이 죽기 시작하면 중약불로 줄이고 갈색이 돌 때까지 볶는다.

❻ 다진 마늘 1큰술, 진간장 1큰술을 넣고 볶다가 ②를 넣고 볶는다.

❼ 강한 불로 올리고 손질한 부추와 고추, 참기름 1큰술, 통깨 약간을 넣고 볶아 마무리한다.

38 깻잎전

고기 대신 꽁치를 넣어 훨씬 부드럽고 맛도 구수한 레시피입니다. 간편하게 만들 수 있는 영양가 높은 음식이라는 점에서 아이들 간식으로 추천해요.

👍 2.3천

재료	·깻잎 50g	·꽁치 통조림 1캔(400g)	·후춧가루 ½큰술	·밀가루(중력분) 적당량
	·다진 대파 30g	·다진 마늘 1큰술	·두부 100g	·당면 40g
	·달걀 4개	·소금 ½큰술	·식용유 약간	

❶ 꽁치는 채반에 밭쳐 물기를 뺀다.

TIP. 퍽퍽해지니 꾹꾹 눌러 짜지 마세요.

❷ 두부는 칼등으로 으깬 후 면보로 물기를 짠다.

❸ 당면은 완전히 퍼질 때까지 삶는다.

❹ 삶은 당면을 찬물에 헹군 후 채반에 밭쳐 물기를 빼면서 가위로 잘게 자른다.

❺ 볼에 ①과 ②, ④, 다진 대파 30g, 다진 마늘 1큰술, 소금 ½큰술, 후춧가루 ½큰술을 넣고 섞는다.

❻ 깻잎은 꼭지를 제거하고 앞면 반쪽에만 밀가루를 묻힌다.

TIP. 재료가 잘 어우러지게 주무르면서 섞어주세요. 매콤한 맛이 좋다면 청양고추를 다져 넣어도 좋아요.

❼ 밀가루를 묻힌 면에 소를 넣고 접은 후 전체적으로 밀가루 옷을 입힌다.

TIP. 소를 넣은 후 깻잎 연결부위에 물을 살짝 묻히면 잘 떨어지지 않아요.

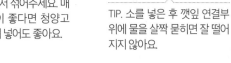

❽ 예열한 팬에 식용유를 두르고 불을 끈 후 ⑦의 깻잎에 달걀물을 입혀 올린다.

❾ 불을 켜 강한 불로 앞뒤를 부친다.

TIP. 진간장에 송송 썬 청양고추, 통깨, 참기름을 넣은 소스를 곁들이세요.

39

👍 2천

오이미역냉국·가지냉국

무더운 여름날이면 생각나는 냉국. 얼음 동동 띄워 시원하게 마시면 어느새 더위도 잊게 되죠. 오늘은 오이미역냉국과 가지냉국을 더 맛있게 만드는 저만의 비법을 알려드릴게요.

재료	오이미역냉국	· 오이 330g	· 양파 80g	· 대파 30g	· 고추 20g
	· 미역 10g	· 다진 마늘 ½큰술	· 국간장 1큰술	· 소금 약간	· 2배 식초 2큰술
	· 통깨 약간	· 얼음 약간	· 물 500㎖		
	가지냉국	· 가지 700g	· 대파 30g	· 마늘 20g	· 고춧가루 1큰술
	· 참기름 1큰술	· 국간장 1큰술	· 통깨 1큰술	· 소금 ½큰술	· 얼음 약간

오이미역냉국

❶ 미역은 볼에 담아 찬물에 불린다.

❷ 오이는 깨끗하게 씻은 후 도톰하게 채 썰고, 양파는 최대한 얇게 채 썬다. 대파와 고추는 송송 썬다.

TIP. 고추씨는 털어주세요.

❸ 채반에 ①을 받쳐 흐르는 물에 주무르듯 깨끗하게 씻은 후 물기를 짠다.

❹ 볼에 ③과 다진 마늘 ½큰술, 국간장 1큰술, 소금 약간을 넣고 조물조물 무친다.

❺ ④에 ②와 얼음 약간, 물 500㎖와 2배 식초 2큰술을 넣고 섞는다.

❻ 소금 약간과 통깨 약간을 넣어 마무리한다.

TIP. 국물이 모자란다 싶으면 물을 더 넣고, 싱겁다면 소금을 더해 간을 맞추세요.

<table>
<tr><td>

가지냉국

</td><td>

❶ 가지는 깨끗이 씻은 후 꼭지를 잘라내고 길게 4등분한다.

</td><td>

❷ ①을 껍질 부분이 찜기 바닥에 닿도록 담아 끓는 물에 찐다.

</td><td>

❸ 가지를 찌는 동안 대파는 송송 썰고 마늘은 채 썬다.

</td></tr>
</table>

TIP. 너무 긴 가지는 반으로 잘라 4등분하세요.

TIP. 가지가 익으면 바로 꺼내지 말고 뚜껑을 덮어 잠시만 두었다 꺼내세요.

❹ 익은 가지는 넓은 접시에 펼쳐 담아 한 김 식힌 후 먹기 좋은 크기로 찢는다.

❺ 볼에 ④와 고춧가루 1큰술, 참기름 1큰술, 국간장 1큰술, 통깨 1큰술을 넣고 살살 무친다.

❻ ⑤에 ③을 넣고 무친다.

❼ 얼음을 넣고 한번 섞어준 후 덜어 먹을 그릇으로 얼음과 가지나물을 옮긴다.

TIP. 이 상태로 가지나물로 먹어도 됩니다.

❽ 남은 양념물에 취향껏 물을 넣고 소금 ½큰술을 더해 섞은 후 ⑦의 그릇에 적당량을 부어 마무리한다.

TIP. 국물 간을 보고 싱거우면 소금을 더하세요.

40

👍 2.2천

치킨무(무절임)

치킨을 시켜 먹을 때마다 모자라서 아쉬운 치킨무. 돈을 주고 따로 시켜야 하는 경우도 있죠. 넉넉하게 만들어두면 치킨 먹을 때마다 아쉬워하지 않아도 된답니다.

재료	·무 2kg	·물 1L	·식초 1L	·설탕 200g	·소금 40g
	·월계수 잎 2장				

❶ 무는 1.5×1.5×1.5㎝ 크기로 깍둑 썬다.

❷ 냄비에 물 1L, 월계수 잎 2장을 넣고 강한 불로 끓인다.

❸ 물이 끓어오르면 냄비에 설탕 200g, 소금 40g을 넣어 저어가며 녹인다.

❹ ③에 식초 1L를 넣고 월계수 잎은 꺼낸다.

❺ 보관통에 무를 넣고 ④의 절임물을 부은 후 완전히 식힌다.

TIP. 서늘한 상온에 하루 동안 둔 후 냉장고에서 3일간 숙성시켜 드세요.

PART 03
———

맛있는
가을

41

👍 2.2만

코다리조림

코다리를 부서지지 않고 뼈와 살이 쏙 분리되도록 하는 비법을 알려드릴게요. 바글바글 조리기 때문에 밑반찬으로 식탁에 내기에도 아주 좋답니다.

재료	·코다리 4마리	·대파 100g	·고추 70g	·진간장 100㎖	·식용유 30㎖
	·물엿 100g	·참기름 1큰술	·다진 마늘 1큰술	·생강청 ½큰술	·설탕 1큰술
	·고춧가루 1큰술	·고추장 1큰술	·통깨 1큰술		

❶ 코다리는 입, 지느러미, 비늘을 제거하고 3㎝ 두께로 토막 낸다.

❷ 살 안쪽의 검은 막을 제거하고 뼈에 붙은 핏물도 잘라낸다.

TIP. 코다리조림에서 가장 중요한 포인트예요. 검은 막을 제거하지 않으면 쓴맛이 나니, 꼭 제거하세요.

❸ ②를 흐르는 물에 빠르게 씻은 후 채반에 밭쳐둔다.

❹ 고추는 어슷 썰고, 대파는 4등분한다.

❺ 볼에 진간장 100㎖, 식용유 30㎖, 고추장 1큰술, 고춧가루 1큰술, 설탕 1큰술, 물엿 100g, 다진 마늘 1큰술, 생강청 ½큰술, 참기름 1큰술을 섞어 양념장을 만든다.

❻ 두툼한 웍에 대파를 깐다.

❼ ⑥위에 ③, ④, ⑤를 2~3회에 나누어 켜켜이 담아 뚜껑을 덮고 강한 불에 조린 후 통깨 1큰술을 뿌려 마무리한다.

TIP. 바글바글 끓으면 뚜껑을 열고 양념물을 끼얹으면서 계속 조리세요.

42

👍 1.7만

오징어볶음

너무 오래 삶으면 금방 질겨지는 오징어. 질기지 않고 쫄깃하게 만드는
비법을 소개합니다. 물기 없이 만들어 밥반찬으로 아주 좋습니다.

재료	·오징어 2마리	·당근 40g	·양파 150g	·대파 80g	·고추 4개
	·배즙 50㎖	·고추장 1큰술	·생강청 20g	·다진 마늘 30g	·진간장 4큰술
	·고춧가루 20g	·설탕 20g	·식용유 1큰술	·참기름 1큰술	·통깨 약간

❶ 오징어는 내장과 이빨, 뼈를 제거하고 몸통과 다리, 머리 부분을 분리해 손질한 후 흐르는 물에 씻은 다음 키친타월을 이용해 물기를 제거한다.

❷ 몸통 부분의 껍질을 벗긴다.

TIP. 끝부분에 칼집을 살짝 내고 마른 면보로 밀어내며 껍질을 벗기면 쉬워요.

❸ 부드러운 안쪽에 사선으로 잘게 우물정 자(#) 모양의 칼집을 낸 다음 먹기 좋은 크기로 자른다.

❹ 오징어 머리와 다리도 먹기 좋은 크기로 자른다.

❺ 당근은 직사각형으로 편 썰고, 양파는 두껍게 채 썬다. 대파와 고추는 어슷 썬다.

TIP. 양파와 당근은 취향에 따라 가감하세요.

❻ 볼에 배즙 50㎖, 고추장 1큰술, 생강청 20g, 다진 마늘 30g, 진간장 4큰술, 고춧가루 20g, 설탕 20g을 섞어 양념장을 만든다.

❼ 달군 팬에 식용유 1큰술을 두르고 ④를 넣어 강한 불로 볶는다.

TIP. 배즙이 없다면 물을 넣으세요.

❽ 오징어가 오그라들면 당근을 넣어 볶는다.

❾ 양념장을 넣고 불을 줄인 후 나머지 손질한 채소를 넣고 중간 불로 볶는다.

❿ 통깨 약간, 참기름 1큰술을 넣고 볶은 후 그릇으로 옮겨 담는다.

TIP. 완성되면 그릇으로 바로 옮기세요. 팬에 그대로 두면 물이 생겨요.

43 닭개장

👍 1.6만

저만의 실패 없는 특급 레시피를 하나 소개해드릴게요. 간단한 방법으로 만드는 닭개장인데, 채소의 단맛이 살아 있어요. 쌀쌀한 날 뜨끈한 국물 요리가 생각날 때 꼭 만들어 먹어보세요.

재료					
	·닭 1.2kg	·대파 250g	·통마늘 15알	·생강 30g	·물 3L
	·무 400g	·토란대 200g	·생숙주 200g	·참기름 85㎖+1큰술	
	·고춧가루 120g+1큰술		·국간장 60㎖	·다진 마늘 2큰술	·후춧가루 약간

❶ 닭은 깨끗이 씻은 후 기름 부위를 잘라낸다.

❷ 냄비에 닭, 대파 150g, 통마늘 15알, 생강 30g, 물 3L를 넣고 뚜껑을 덮어 강한 불에 1시간 정도 끓인다.

❸ 무는 돌려가며 어슷하게 빗어 썰고 대파 100g은 길게 자른다. 토란대는 숭덩숭덩 썬 후 손으로 얇게 찢는다.

TIP. 무는 나박 썰어도 됩니다.

❹ ②의 닭이 익으면 건져내 한 김 식히고, 육수는 면보로 거른다.

TIP. 닭을 젓가락으로 찔러봤을 때 핏물이 안 나오면 다 익은 거예요.

❺ 냄비에 ③의 무와 참기름 85㎖, 고춧가루 120g을 넣고 볶는다.

❻ 토란대, 국간장 60㎖를 넣고 볶다가 거른 육수 반을 넣고 뚜껑을 덮어 강한 불로 끓인다.

TIP. 국간장 대신 소금으로 간해도 됩니다.

❼ ⑥을 끓이는 동안 한 김 식힌 닭은 살을 발라낸다.

❽ 볼에 닭고기 살, 다진 마늘 2큰술, 고춧가루 1큰술, 참기름 1큰술, 대파, 후춧가루 약간을 넣어 무친다.

❾ ⑥이 끓어오르면 숙주 200g, ⑧과 남은 육수를 마저 넣고 뚜껑을 열어 한소끔 끓인다.

44

👍 1.5만

청경채나물

이번 추석에는 비싼 시금치 대신 청경채로 나물을 만들어보세요. 시금치와 비슷하면서도 또 다른 식감이 매력적인 나물이에요.

재료	·청경채 800g	·다진 대파 20g	·다진 홍고추 2개분	·참기름 1큰술	·소금 약간
	·다진 마늘 1큰술	·통깨 1큰술	※ 제사에 쓸 때는 다진 대파와 다진 마늘은 빼세요.		

❶ 청경채는 밑동을 잘라내고 잎을 분리한다.

TIP. 큰 잎은 길게 반으로 잘라주세요

❷ 손질한 청경채는 흐르는 물에 씻은 후 채반에 밭쳐 물기를 제거한다.

❸ 끓는 물에 살짝 찐다.

❹ 청경채의 숨이 죽으면 위아래를 한번 뒤집어 살짝 더 찐 후 넓은 접시에 옮겨 한 김 식힌다.

❺ 한 김 식힌 청경채는 물기를 짠다.

❻ 볼에 다진 대파, 홍고추, 청경채, 소금 약간, 다진 마늘 1큰술, 통깨 1큰술, 참기름 1큰술을 넣고 무친다.

TIP. 치대지 말고 살살 무치세요. 간을 보고 싱거우면 소금을 더해도 됩니다. 통깨는 빻아서 넣으세요.

45 돼지갈비찜

👍 1.3만

오늘 저녁은 가족과 함께 푸짐한 돼지갈비찜 파티를 해보는 건 어떨까요? 초보자도 맛있게 만들 수 있는 쉽고 간단한 저만의 레시피를 소개합니다.

재료	·돼지갈비 1.7㎏	·돼지 앞다리살 1㎏	·청양고추 200g	·당근 100g	·생강청 40g
	·다진 마늘 100g	·대파 100g	·배즙 300㎖	·진간장 200㎖	·후춧가루 1큰술
	·설탕 120g	·참기름 3큰술	·다시마 2장		

❶ 돼지 앞다리살은 껍질과 막을 제거하고 돼지갈비와 비슷한 크기로 자른다.

TIP. 돼지갈비가 비싸고 양이 적어 앞다리살을 추가했어요. 뒷다리살로 조리해도 됩니다.

❷ 돼지갈비와 손질한 앞다리살은 찬물에 30분 정도 담가 핏물을 제거한 후 흐르는 물에 씻는다.

❸ 냄비에 돼지갈비, 앞다리살, 생강청 40g, 돼지갈비가 잠길 만큼의 물을 넣고 뚜껑을 닫은 후 강한 불에 한소끔 끓인다.

❹ 고기 표면이 살짝 익으면 건져내 흐르는 물에 재빨리 씻은 후 채반에 밭친다.

❺ 볼에 다진 마늘 100g, 배즙 300㎖, 진간장 200㎖, 후춧가루 1큰술, 설탕 120g, 참기름 3큰술, 어슷 썬 대파를 넣고 섞는다.

❻ 냄비에 다시마 2장을 먼저 깔고 ④의 고기, ⑤의 양념장을 넣고 강한 불에 끓인다.

❼ 당근은 2㎝ 두께로 잘라 돌려 깎고, 고추는 꼭지만 제거한다.

❽ ⑥에서 고기 익는 냄새가 나기 시작하면 고추, 당근을 넣고 뚜껑을 닫아 고추가 물러질 때까지 끓인다.

TIP. 중간중간 섞어주세요.

❾ 뚜껑을 열고 조리다가 양념물이 반 정도로 줄어들 때까지 약한 불에 조린다.

TIP. 고기가 물러질 때까지 조리면 됩니다.

46

👍 9.1천

무생채

새콤달콤해 입맛을 북돋아주는 무생채를 만들어보세요. 밥에 슥삭슥삭 비벼 먹어도 아주 좋답니다.

재료	·무 1kg	·설탕 1큰술	·식초 60㎖	·멸치액젓 2큰술	·대파 40g
	·새우젓 1큰술	·다진 마늘 1큰술	·생강청 20g	·통깨 약간	
	·고운 고춧가루 1큰술		·굵은 고춧가루 1큰술		

❶ 무는 채칼로 채 치고, 대파 파란 부분은 어슷 썬다.

TIP. 무는 파란 부분을 사용하세요.

❷ 무에 설탕 1큰술, 식초 60㎖를 넣어 10분 정도 절인 후 물기를 살짝 짠다.

TIP. 너무 오래 절이면 무의 신선함이 사라져요.

❸ 볼에 물기 짠 무, 고운 고춧가루 1큰술, 굵은 고춧가루 1큰술을 넣어 버무린다.

TIP. 고춧가루는 취향에 따라 가감하세요.

❹ ③에 대파, 생강청 20g, 다진 마늘 1큰술, 멸치액젓 2큰술, 새우젓 1큰술을 넣고 버무린다.

❺ ④에 통깨를 약간 넣어 마무리한다.

TIP. 식탁에 낼 때 참기름 한 방울을 더해 무쳐 내도 좋아요.

47 감자조림

👍 7.7천

감자 요리는 꽤 많이 신경 써야 하는 요리 중 하나예요. 충분히 익혀야 하지만 부서지지 않게 조심해야 하기 때문이에요. 부서지지 않고 쫀득 쫀득하게 감자조림을 만드는 저만의 비법을 알려드릴게요.

재료	·감자 600g	·당근 100g	·물 200㎖	·다진 마늘 20g	·진간장 3큰술
	·고추장 40g	·들기름 3큰술	·설탕 1큰술	·물엿 20g	·대파 100g
	·통깨 1큰술				

❶ 감자는 껍질을 벗기고 먹기 좋은 크기로 자른다. 당근은 감자보다 작은 크기로 자르고 대파는 어슷 썬다.

❷ 손질한 감자와 당근은 끓는 물에 살짝 데친 후 건져낸다.

TIP. 감자는 표면만 살짝 익히면 됩니다. 살짝 데치면 전분 막이 생기면서 표면이 단단해져 부서지지 않아요.

❸ 볼에 물 200㎖, 다진 마늘 20g, 진간장 3큰술, 고추장 40g, 들기름 3큰술, 설탕 1큰술, 물엿 20g을 섞어 양념물을 만든다.

❹ 팬에 데친 감자와 당근을 넣고 ③을 냄비에 부어 강한 불에 조린다.

TIP. 중간중간 양념물을 끼얹으면서 조려 주세요.

❺ 양념물이 자작해질 때까지 조린 후 통깨 1큰술, 어슷 썬 대파를 넣어 섞는다.

TIP. 양념물이 자작해질 때 간을 보세요. 달달한 감자조림을 원한다면 설탕 ½큰술을 추가하고, 싱겁게 느껴진다면 진간장을 더 넣으세요.

48

👍 5천

배추전

아삭하고 달큰한 배추전을 만들어 막걸리 한잔, 어떠세요? 배추와 밀가루만으로 뚝딱 만들 수 있답니다.

재료	·배추 300g	·멸치 국물 300㎖	·밀가루(중력분) 6큰술	·소금 약간
	·식용유 약간			

❶ 배추를 깨끗이 씻은 후 물기를 뺀다.

❷ 두꺼운 줄기 부분은 손으로 눌러 펴서 찜기에 한소끔 찐다.

TIP. 배추는 엎어서 찌세요.

❸ 배추 향이 나기 시작하면 채반에 펼쳐 한 김 식힌다.

❹ 볼에 멸치 국물 300㎖, 밀가루 6큰술, 소금 약간을 섞어 반죽물을 만든다.

TIP. 멸치 국물이 없다면 물을 사용해도 됩니다. 반죽은 묽으면 안 돼요.

❺ 팬을 불에 올리고 식용유를 두른 후 반죽물을 앞뒤로 묻힌 배추를 넣어 강한 불로 부친다.

TIP. 배추전은 팬을 예열하지 않고 부치세요. 줄기 부분은 꾹꾹 누르면서 익혀야 해요.

49

4.8천

고등어무조림

고등어 같은 생선을 조릴 때는 비린내가 나지 않도록 조심해야 합니다.
무와 함께 비린내 없이 시원한 맛을 내는 비법을 알려드릴게요.

재료	·고등어 2마리	·무 400g	·양파 200g	·대파 50g	·고추 4개
	·다시마 1장	·물 500㎖	·진간장 3큰술	·고추장 1큰술	·들기름 2큰술
	·고춧가루 2큰술	·설탕 1큰술	·다진 마늘 20g	·생강청 10g	

❶ 고등어는 아가미를 제거하고 3~4조각으로 토막 내 씻은 후 채반에 밭쳐둔다.

TIP. 고등어는 잘랐을 때 살이 불그스름하고, 껍질 선이 분명하면서 새파란 것이 싱싱해요.

❷ 무는 큼직하게 반달썰기하고 양파는 큼직하게 채 썰고, 고추와 대파는 어슷 썬다.

❸ 냄비 바닥에 무를 깔고 다시마 1장을 올린 후 물 250㎖, 진간장 2큰술, 고추장 ½큰술을 넣고 끓인다.

TIP. 처음 10분은 강한 불에서, 그 후 5분은 약한 불에서 끓여주세요.

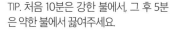

❹ 볼에 물 250㎖, 진간장 1큰술, 들기름 2큰술, 고춧가루 2큰술, 설탕 1큰술, 다진 마늘 20g, 생강청 10g, 고추장 ½큰술을 섞어 양념장을 만든다.

❺ ③에 ①의 고등어, ②의 고추와 대파, 양파, ④의 양념장을 넣고 뚜껑을 덮어 강한 불에 끓인다.

❻ 끓어오르면 중약불로 줄이고, 뚜껑을 열어 양념물을 끼얹어주며 국물이 자작할 때까지 조린다.

50

👍 4.5천

삼색연근전

쫀득쫀득하고 보들보들한 삼색연근전을 소개합니다. 겉이 아삭해 평소 연근을 좋아하지 않는 분도 맛있게 먹을 수 있어요. 반죽만 잘하면 되는 매우 쉬운 메뉴랍니다.

재료	·연근 1뿌리	·시금치 약간	·당근 약간	·달걀 3개	·밀가루 4큰술
	·소금 약간	·물 400㎖	·식용유 약간		

❶ 연근은 껍질을 벗기고 얇게 편 썬 후 찬물에 담가 전분기를 뺀다.

TIP. 연근이 두꺼우면 반죽물과 밀착되지 않아요.

❷ 시금치는 잘게 썰어 물 200㎖와 함께 믹서에 간 후 면보에 거른다. 당근도 물 200㎖와 함께 믹서에 간 후 면보에 거른다.

❸ 달걀은 흰자와 노른자를 분리한 후 달걀노른자에 소금을 약간 넣고 저어준다.

TIP. 노른자만 사용해요. 노른자 대신 치자를 물에 우려 사용해도 좋아요.

❹ 볼에 밀가루 2큰술, ②의 시금치물 약간, 소금 약간을 넣어 시금치 반죽물을 만든다. 마찬가지로 볼에 밀가루 2큰술, ②의 당근물, 소금 약간을 넣어 당근 반죽물을 만든다.

TIP. 시금치물과 당근물은 취향에 따라 넣어주세요.

❺ 연근은 끓는 물에 소금을 약간 넣어 살짝 데친다.

TIP. 오래 삶지 마세요.

❻ 연근 테두리가 살짝 투명해지면 건져 찬물에 담갔다 채반에 밭쳐 물기를 뺀다.

❼ 팬을 예열하고 식용유를 넣어 코팅한 후 불을 끄고 ④의 당근 반죽을 1큰술씩 떠 약한 불에서 얇고 동그랗게 펼친다.

TIP. 연근전은 기름을 약간 넣고 약한 불에서 부치는 것이 포인트예요.

❽ 반죽이 반쯤 익으면 연근을 올리고, 반죽물이 다 익으면 뒤집어 부친다.

TIP. 연근은 반죽이 익기 전에 올려야 반죽과 분리되지 않아요. 시금치 반죽, 달걀 반죽도 같은 방법으로 부치세요.

51 배추김치

👍 3.4천

홍고추의 달큰하고 시원한 맛이 특징인 레시피입니다. 김장을 할 때 가장 힘든 게 배추 절이기죠. 힘들게 배추를 절이지 않고도 아주 쉽게 담그는 방법을 알려드릴게요.

재료	·배추 5kg	·물 12L+200㎖	·소금 800g	·홍고추 400g	·무 1.4kg
	·쪽파 200g	·고춧가루 200g	·다진 마늘 80g	·생강청 40g	·멸치액젓 80㎖
	·새우젓 100g	·설탕 1큰술			

❶ 배추는 심지 부분에 십자(+)로 칼집을 낸다.

❷ 물 12L에 소금 800g을 푼 후 배추를 담가 3시간가량 절인다.

TIP. 1시간 정도 후 칼집 낸 부분을 손으로 잡고 찢어 4등분합니다. 절이는 시간을 단축하고 싶다면 미지근한 물을 사용하세요. 1시간에 한 번 정도 위아래를 뒤집어주세요. 잎이 부들부들하면 다 절여진 거예요. 줄기까지 절여지지 않게 조심하세요. 줄기까지 절이면 짜져서 간을 맞추기 힘들어요.

❸ 다 절여지면 채반에 엎어두어 소금물을 빼고 흐르는 물에 씻은 후 채반에 밭쳐 물기를 뺀다.

❹ 홍고추는 길게 반으로 갈라 씨를 빼고 물 200㎖를 더해 믹서에 간다.

❺ 무는 채 썰고 쪽파는 손가락 길이로 썬다.

❻ 볼에 손질한 무와 쪽파, 고춧가루 200g, ④의 홍고추, 다진 마늘 80g, 생강청 40g, 멸치액젓 80㎖, 새우젓 100g, 설탕 1큰술을 넣고 고루 버무린다.

❼ 배추 사이사이에 ⑥을 넣는다.

TIP. 기본 간은 되어 있어요. 다음 날 국물을 맛보고 싱겁다면 새우젓이나 멸치액젓, 소금을 넣어 간을 더하세요.

❽ 실온에 12시간 정도 둔 후 김치냉장고에 넣어 2주 정도 천천히 숙성시킨다.

52 녹두빈대떡

👍 3.1천

비 오는 날 먹어도, 명절에 친척들과 함께 먹어도 언제나 맛있는 녹두빈대떡입니다. 겉은 바삭하면서 속은 쫄깃한 빈대떡을 함께 만들어봐요.

재료	·마른 녹두 500g	·돼지고기 목살 200g	·소금 약간	·들기름 1큰술
	·다진 마늘 20g	·생강청 5g	·물 300㎖	·다진 대파 10g
	·후춧가루 약간	·고사리나물무침 150g	·숙주나물무침 100g	·식용유 약간

❶ 녹두는 찬물에 3시간 이상 불린다.

❷ 불린 녹두를 조리질해 물에 뜨는 껍질을 제거한다.

TIP. 손으로 살살 비벼가며 껍질을 분리해 조리질로 껍질을 제거하면 편해요.

❸ 껍질 벗긴 녹두를 채반에 받쳐 물기를 뺀다.

❹ 돼지고기는 키친타월로 핏물을 제거한 후 잘게 썬다.

TIP. 다진 고기를 사용해도 됩니다.

❺ ④의 돼지고기에 소금 약간, 들기름 1큰술, 다진 마늘 20g, 생강청 5g, 후춧가루 약간, 다진 대파 10g을 넣고 밑간한다.

❻ 고사리나물무침과 숙주나물무침은 먹기 좋은 크기로 자른다.

❼ 물기 뺀 ③의 녹두에 물 300㎖를 더해 믹서에 곱게 간다.

TIP. 만졌을 때 녹두 알이 손에 잡히지 않도록 곱게 가세요. 또 물이 너무 많으면 전을 부칠 때 물러져서 안 좋으니 물 양을 잘 맞춰주세요.

❽ 잘 달군 팬에 ⑤를 볶은 후 덜어둔다.

❾ 볼에 ⑦의 간 녹두 ½ 분량, ⑥의 고사리나물 ½ 분량, 숙주나물무침 ½ 분량, ⑧의 고기 ½ 분량을 넣고 살살 섞는다.

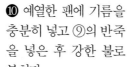

❿ 예열한 팬에 기름을 충분히 넣고 ⑨의 반죽을 넣은 후 강한 불로 부친다.

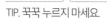

TIP. 꾹꾹 누르지 마세요.

⓫ 테두리가 노릇노릇해지면 뒤집은 후 중약불로 천천히 익힌다.

TIP. 홍고추를 올려도 좋아요. 남은 분량도 같은 방법으로 부치세요.

53 청국장

한국인의 솔 푸드, 청국장에 도전해보세요. 보글보글 구수한 청국장에 두부를 듬뿍 썰어 넣고 흰 쌀밥과 함께 상에 내면 웬만한 한식당 부럽지 않은 한 상이 되지요.

재료	·청국장 200g	·홍고추 2개	·돼지고기 100g	·묵은지 200g
	·대파 1대(큰 것)	·다진 마늘 1큰술	·물 600㎖	·두부 ½개

❶ 냄비에 물 300㎖를 붓고 강한 불에 끓인다.

❷ 돼지고기는 기름 부위를 잘라낸 후 먹기 좋은 크기로 깍둑 썬다.

TIP. 소고기로 대체해도 괜찮아요. 고기 양은 취향에 따라 가감하세요.

❸ 묵은지는 먹기 좋은 크기로 썰고 두부는 원하는 크기로 깍둑 썬다. 대파와 홍고추는 어슷썬다.

TIP. 홍고추는 없으면 생략해도 됩니다.

❹ ①의 물이 끓어오르면 돼지고기와 묵은지를 넣어 뚜껑을 열고 강한 불로 끓인다.

❺ 끓어오르면 청국장 200g, 대파, 다진 마늘 1큰술을 넣는다.

❻ 다시 끓어오르면 물 300㎖를 붓는다.

TIP. 물은 취향에 따라 가감하세요.

❼ 한번 더 끓기 시작하면 두부와 홍고추를 넣고 국물이 걸쭉해질 때까지 끓인다.

TIP. 간을 보고 싱겁다면 천일염이나 국간장을 조금 추가하세요.

54 고추장어묵볶음

👍 2.3천

보통 어묵볶음은 금방 했을 때가 제일 맛있고, 냉장고에 오래 넣어두면 식감이 떨어져 맛이 덜해집니다. 하지만 이 레시피로 만들면 냉장고에 오래 두고 먹어도 보들보들한 원래 식감대로 즐길 수 있답니다.

재료	·어묵 400g	·양파 200g	·쪽파 100g	·다진 마늘 40g	·식용유 2큰술
	·물엿 2큰술	·진간장 1큰술	·고추장 2큰술	·설탕 1큰술	·생강청 20g
	·고춧가루 ½큰술	·참기름 1큰술	·통깨 1큰술		

❶ 어묵은 1㎝ 폭으로 길게 채 썬다. 양파는 채 썰고, 쪽파는 손가락 길이로 썬다.

❷ 끓는 물에 어묵을 살짝 데친 후 건져낸다.

TIP. 어묵을 데치면 기름기가 제거되고 보들보들해져요. 단, 어묵이 퍼지도록 오래 삶지 마세요.

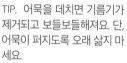

❸ 팬에 식용유 2큰술, 물엿 2큰술, 진간장 1큰술, 고추장 2큰술, 설탕 1큰술을 넣어 고루 섞는다.

❹ 강한 불로 올려 끓기 시작하면 생강청 20g, 다진 마늘 40g, 고춧가루 ½큰술을 넣어서 섞는다.

❺ ④에 양파와 어묵을 넣고 볶는다.

❻ 불을 끄고 쪽파를 넣고 섞는다.

❼ 통깨 1큰술, 참기름 1큰술을 넣어 섞은 후 마무리한다.

55 동치미

👍 2천

초가을에 담그는 동치미는 소중한 손님이 올 때만 내고 싶을 정도로 깊은 맛을 냅니다. 간단하지만 그 어떤 레시피도 따라올 수 없는 깊은 맛의 비법을 알려드릴게요.

재료	·무 2kg	·마늘 60g	·홍고추 6개	·쪽파 50g	·물 3L
	·밀가루(중력분) 30g		·생강 20g	·소금 70g	·설탕 50g

❶ 물 500㎖에 밀가루 30g을 푼다.

TIP. 멍울이 없도록 잘 개주세요.

❷ ①을 냄비에 넣고 살살 저어주며 끓이다가, 한소끔 끓어오르면 불을 끄고 식힌다.

❸ 무는 1×1×4㎝ 크기로 썬다.

❹ 마늘과 생강은 얇게 편 썰고 홍고추는 어슷 썬다.

❺ 쪽파는 깨끗이 씻은 후 물기를 빼 준비한다.

❻ 그릇에 ④의 손질한 마늘, 생강, 홍고추, 물 2.5L, ②의 식은 밀가루 풀, 소금 70g, 설탕 50g을 넣고 살살 섞는다.

TIP. 소금이 잘 녹도록 저어주세요.

❼ 김치통 바닥에 쪽파를 먼저 깔고 무를 담는다.

❽ ⑥의 양념을 부어 마무리한다.

56 달걀국

👍 2천

쌀쌀해진 아침에 잘 어울리는 달걀국이에요. 단 2분이면 만들 수 있는 초간단 요리지만 속이 금세 든든해지는 품격 있는 요리입니다. 대파 한 뿌리를 넣어 시원하게 즐겨보세요.

재료	·대파 50g	·물 800㎖	·달걀 5개	·소금 약간	·새우젓 약간

❶ 대파 흰부분 중 일부는 송송 썰고, 나머지는 큼직하게 2~3등분한다.

❷ 냄비에 물 800㎖와 큼직하게 썬 대파를 넣고 강한 불로 끓인다.

TIP. 달걀국은 물로만 끓여야 맛있어요. 멸치 국물을 넣으면 달걀국 특유의 시원한 맛이 사라집니다.

❸ 볼에 달걀, 소금 약간을 넣고 풀어 달걀물을 만든다.

❹ ②가 끓어오르고 대파 향이 올라오면 대파를 건져낸다.

TIP. 취향에 따라 대파를 그대로 두어도 괜찮아요.

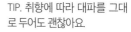

❺ ④의 끓은 대파 국물에 달걀물을 체망에 거르며 풀어준다.

TIP. 달걀이 다 익기 전에 젓지 마세요. 국물이 뻑뻑해집니다.

❻ 달걀이 몽글몽글 익으면 살살 저어준다.

TIP. 계속 강한 불로 끓입니다.

❼ 새우젓을 약간 넣고 불을 끈 후 송송 썬 대파를 넣는다.

TIP. 새우젓이 없으면 소금이나 국간장으로 간해도 됩니다.

57 무정과

👍 1.4만

무 하나만 있으면 여러 가지 요리를 할 수 있어요. 무말랭이나 무국 같은 흔한 메뉴도 좋지만, 오늘은 쫀득쫀득하고 맛있는 무정과를 만들어 보면 어떨까요? 아이들 간식으로도 아주 좋답니다.

재료	·무 3kg	·갱엿 900g

❶ 깨끗이 씻은 무를 3-4등분한 후 1㎝ 두께로 썬다.

TIP. 갱엿을 넣으면 졸아드니 도톰하게 써는 것이 좋아요.

❷ ①을 냄비에 넣고 그 위에 갱엿을 넣은 후 뚜껑을 덮고 강한 불로 익힌다.

❸ 무에서 물이 나오기 시작하면 뚜껑을 열고 중약불로 낮춘 후 갱엿을 녹이면서 조린다.

❹ 홍건하게 물이 나오면 다시 강한 불로 조린다.

TIP. 아래위를 한 번씩 뒤적여주세요.

❺ 국물을 떠서 흘렸을 때 주르륵 흐르면 강한 불로 조금 더 조린다.

❻ 국물을 떠서 흘렸을 때 꾸덕한 느낌이 나면 불을 끄고 5시간 이상 실온에서 식힌다.

TIP. 5시간 후 물이 생기면 다시 한번 졸여 더 쫀득하게 드세요 냉장 보관해도 잘 떨어져요.

58 소고깃국

유독 기운이 없는 날에는 소고깃국을 끓여 따뜻한 한 끼를 먹어보세요. 밥 한 공기 말아 묵은지를 올려 먹으면 없던 힘도 불끈 생기는 힐링 메뉴랍니다.

👍 1.6천

재료	·무 600g	·삶은 고사리 90g	·우둔살 300g	·참기름 2큰술	·대파 80g
	·다시마 1개	·다진 마늘 1큰술	·국간장 2큰술	·물 1L	·후춧가루 ½큰술
	·불린 당면 약간	·굵은 고춧가루 2큰술			

❶ 무는 빗어 썰고 삶은 고사리는 먹기 좋은 크기로 자른다. 대파는 길게 편 썬다.

TIP. 삶은 고사리는 없으면 생략해도 됩니다.

❷ 우둔살은 도톰하게 깍둑 썬다.

TIP. 우둔살 대신 양지나 등심 등 기름기 없는 부위를 사용해도 됩니다.

❸ 냄비에 무, 우둔살, 삶은 고사리, 참기름 2큰술을 넣고 강한 불로 살짝 볶는다.

❹ 고기가 살짝 익으면 약한 불로 줄이고 고춧가루 2큰술을 넣어 고추기름 내듯 볶는다.

❺ 국간장 2큰술을 넣고 볶다가 무의 숨이 죽으면 물 500㎖와 대파, 다시마 1개를 넣고 뚜껑을 덮어 강한 불로 한소끔 끓인다.

❻ 끓어오르면 물 500㎖, 다진 마늘 1큰술, 후춧가루 ½큰술을 넣고 뚜껑을 덮어 끓인다.

TIP. 물 양은 농도를 맞추기 위함입니다. 취향에 따라 가감하세요. 빨간색을 원한다면 고춧가루를 더 넣어도 됩니다.

TIP. 간을 보고 싱거우면 국간장 1큰술이나 소금을 취향에 따라 추가하세요. 덜어 먹을 그릇에 당면을 넣고 완성된 소고기국을 덜어내 드시면 됩니다. 당면은 뜨거운 물에 담가 보들보들해지면 건져내 사용하세요. 없으면 생략해도 됩니다.

❼ 다시 끓어오르면 다시마는 건져내고, 거품을 건어낸 후 10분 정도 약한 불에 끓인다.

59 배추된장국

👍 1천

오늘 저녁은 시원하고 칼칼한 배추된장국 어떠세요? 국에 밥을 말아 김치와 먹으면 별다른 반찬이 필요 없습니다. 멸치 국물과 쌀뜨물을 이용해 시원한 된장국을 끓여보세요.

재료	·물 1.5ℓ	·멸치 30g	·쌀뜨물 500㎖	·대파 1대	·된장 1큰술
	·고추장 ½큰술	·배추 적당량	·다진 마늘 1큰술	·건고추(선택) 1개	

❶ 물 1.5ℓ에 멸치 30g을 넣고 4시간 동안 우린 멸치 국물과 쌀뜨물 500㎖, 대파 1대를 냄비에 함께 넣고 끓인다.

TIP. 뚜껑을 닫아주세요.

❷ 펄펄 끓기 시작하면 뚜껑을 열어 대파와 멸치를 건져낸다.

❸ ②에 된장 1큰술, 고추장 ½큰술을 넣고 잘 풀어준다.

❹ ③에 배추를 적당한 크기로 찢어 넣은 후 뚜껑을 닫아 푹 끓인다.

TIP. 칼로 잘라도 좋고, 손으로 찢어도 좋아요. 배추 양은 취향에 따라 가감하세요.

❺ 배추의 숨이 죽으면 뚜껑을 열고 위아래를 뒤집어주면서 끓인다.

TIP. 이때 국물의 양이 너무 적다면 물이나 쌀뜨물을 조금씩 더 부어주세요.

❻ ⑤에 다진 마늘 1큰술을 넣고 뚜껑을 닫은 후 약한 불로 줄여 배추가 부드러워질 때까지 달이듯 계속 끓인다.

TIP. 취향에 따라 불을 끄기 직전에 건고추를 썰어 넣으세요.

60

👍 1.5천

표고전

건강에 좋은 표고버섯으로 전을 만들어보세요. 맛도 좋고 건강에도 좋아 일석이조랍니다. 표고의 향이 은은하게 퍼져 고급 한식당에 온 듯한 기분을 느낄 수 있을 거예요.

재료	·건표고 12개	·참기름 1큰술	·진간장 ½큰술	·두부 150g	·달걀 3개
	·전분 약간	·대파 약간	·밀가루 약간	·당근 약간	·소금 약간
	·식용유 약간				

❶ 건표고는 3시간 정도 물에 불린 후 꼭지를 자르고 물기를 꼭 짠다.

❷ 표고 안쪽 두툼한 부분에 우물정자(#)로 칼집을 낸다.

❸ 볼에 참기름 ½큰술, 진간장 ½큰술을 섞어 유장을 만든다.

❹ 표고버섯 안쪽에 ③을 바른다.

TIP. 표고전은 생표고보다 건표고를 불려 부치는 것이 더 맛있어요. 물에 불린 표고는 물기를 꼭 짜주세요. 매우 중요한 과정이에요.

❺ 두부는 면보에 싸 물기를 꼭 짠다.

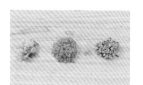

❻ 표고버섯 1개와 대파, 당근을 곱게 다진다.

❼ 볼에 ⑥의 다진 재료와 ⑤의 두부, 참기름 ½큰술, 소금 약간을 넣고 으깨면서 섞는다.

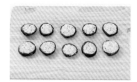

❽ 칼집 낸 표고 안쪽에 밀가루를 살짝 입히고 ⑦을 꾹꾹 눌러가며 평평하게 넣는다.

❾ ⑧ 위에 밀가루를 살짝 입힌다.

❿ 달걀은 흰자와 노른자를 분리하고, 노른자에 소금 약간, 전분 약간을 넣고 잘 섞는다.

TIP. 귀찮으면 분리하지 않아도 됩니다. 전분이 없으면 밀가루를 약간 넣으세요.

⓫ 팬을 불 위에 올리고 식용유를 약간 둘러 코팅한 후 달궈지면 불을 끄고 달걀노른자 한숟가락을 동그랗게 펼쳐 넣은 후 표고버섯을 올려 약한 불로 부친다.

⓬ 노른자가 다 익으면 뒤집은 후 다시 식용유를 두르고 꾹꾹 눌러가며 부친다.

TIP. 한번만 뒤집어 부쳐야 깔끔하고 예뻐요. 달걀흰자도 같은 방법으로 표고버섯과 함께 부쳐보세요. 완성되면 달걀 테두리를 동그랗게 잘라 모양을 잡아주세요.

PART 04

맛있는
겨울

61 두부전

👍 1.6만

늘 먹던 두부 반찬은 잊으셔도 좋습니다. 평범한 식재료로 여겨지던 두부가 고급 반찬으로 변신합니다. 남녀노소 누구나 좋아해 아이들 간식으로도 술안주로도 좋아요.

재료	·두부 1kg	·부추 100g	·당근 50g	·참기름 2큰술	·달걀 4개
	·소금 ½큰술	·후춧가루 ½큰술	·통깨 약간	·불린 표고버섯 80g	
	·밀가루 약간	·식용유 약간			

❶ 불린 표고버섯은 물기를 꼭 짠 후 곱게 다진다. 부추와 당근도 곱게 다진다.

❷ 두부는 칼등으로 으깬 후 면보에 걸러 물기를 짠다.

TIP. 물기가 나오지 않게 꼭 짜주세요.

❸ 볼에 ①, ②의 손질한 재료와 소금 ½큰술, 후춧가루 ½큰술, 통깨 약간, 참기름 2큰술을 넣어 반죽한다.

TIP. 찰기 있게 반죽하세요. 물기가 생기면 안 돼요.

❹ 볼에 달걀을 풀어 달걀물을 만든다.

❺ ③을 한입 크기로 덜어 동그랗게 빚은 다음 밀가루를 골고루 묻힌다.

❻ 팬에 기름을 살짝 두르고 예열한 후 불을 끄고 ⑤를 달걀물에 묻혀 팬에 올린 다음 다시 불을 켜 강한 불로 익힌다.

TIP. 불을 켜고 자글자글 익는 소리가 들리면 기름을 조금 더 추가하세요.

❼ 아랫면이 익으면 뒤집은 후 약한 불로 줄여 마저 익힌다.

TIP. 진간장으로 양념장을 만들어 곁들이세요.

62 낙지볶음

👍 1.6만

언제나 외식으로만 먹던 낙지볶음. 오늘은 집에서 맛있게 즐겨보세요.
물이 생기지 않고 탱글탱글한 낙지볶음을 만드는 비법을 알려드릴게요.

재료	·낙지 800g	·배즙 100㎖	·참기름 3큰술	·소금 20g	·고추장 1큰술
	·굴소스 1큰술	·양파 250g	·고춧가루 30g	·당근 70g	·다진 마늘 30g
	·청양고추 60g	·생강청 20g	·대파 150g	·진간장 3큰술	·통깨 1큰술
	·식용유 2큰술				

❶ 낙지는 내장과 이빨을 제거한다.

TIP. 내장이 터지지 않게 조심하세요.

❷ 손질한 낙지는 소금 20g으로 주물러 닦은 후 흐르는 물에 깨끗하게 헹군다.

TIP. 낙지의 빨판을 훑으면서 씻어주세요.

❸ 볼에 ②를 넣고 끓는 물을 부어 살짝 데친 후 채반에 받쳐두었다가 먹기 좋은 크기로 자른다.

TIP. 삶으면 질겨지니 끓는 물에 데쳤다 바로 꺼내세요.

❹ 양파는 굵게 채 썰고 당근은 직사각형으로 썬다. 청양고추는 어슷 썰고 대파는 길게 채 썬다.

TIP. 매운맛이 싫다면 청양고추 대신 일반 고추를 사용하세요.

❺ 볼에 배즙 100㎖, 고추장 1큰술, 고춧가루 30g, 다진 마늘 30g, 생강청 20g, 진간장 3큰술, 참기름 2큰술, 굴소스 1큰술을 섞어 양념장을 만든다.

❻ 예열한 팬에 ⑤의 양념장과 식용유 2큰술을 부은 후 강한 불로 끓인다.

❼ 양념이 끓어오르면 당근, 양파 순으로 넣어 중간 불로 볶다가 양파의 숨이 죽으면 낙지를 넣고 재빠르게 볶는다.

❽ 대파, 고추를 넣고 볶은 후 통깨 1큰술, 참기름 1큰술을 넣어 마무리한다.

63 무말랭이

👍 1.3만

누구나 좋아하는 대표 밑반찬인 무말랭이. 조금 더 쉽고 맛있게 만들어 볼까요? 만드는 방법이 매우 쉽기 때문에 한번 배워두면 언제든 맛있게 먹을 수 있답니다.

재료	· 건무말랭이 300g (2시간 정도 불린 후 1시간 정도 채반에 올려 물을 빼주세요)
	· 건고춧잎(선택) 60g (무말랭이와 같은 방법으로 불린 후 물을 빼주세요) · 고춧가루 200g · 통깨 약간
	· 찹쌀풀(찹쌀가루 150g+물 800㎖) · 멸치액젓 100㎖ · 진간장 100㎖ · 생강청 1큰술
	· 설탕 50g (취향에 따라 가감하세요) · 물엿 200㎖ · 다진 마늘 2큰술(수북이)

❶ 건무말랭이와 건고춧잎을 물에 불려 준비한다.

❷ 볼에 분량의 찹쌀풀, 멸치액젓, 진간장, 물엿, 다진 마늘, 생강청, 고춧가루, 설탕을 넣고 손으로 섞는다.

TIP. 양념이 뚝뚝 떨어지는 질감이어야 해요. 물엿이 없으면 조청을 넣어도 됩니다.

❸ ②에 무말랭이를 넣고 양념이 고루 잘 묻도록 버무린다.

❹ ③에 고춧잎을 넣고 양념이 고루 묻도록 버무린다.

❺ 통깨를 약간 뿌리고 버무린 후 마무리한다.

TIP. 싱겁다면 취향에 따라 천일염을 더하세요.

64 파래무침

👍 8.7천

겨울 제철 식품인 파래로 파래무침을 만들어보세요. 액젓으로 감칠맛을 낸 멸치액젓파래무침과 식초와 설탕으로 새콤달콤한 맛을 살린 식초파래무침을 함께 만들어봅시다.

재료	멸치액젓파래무침	·파래 100g	·멸치액젓 4큰술(시판 액젓은 물과 1:1로 희석해 사용하세요)
	·다진 마늘 약간	·송송 썬 쪽파 또는 대파 흰 대 부분 약간	·고춧가루 ½큰술	·통깨 약간
	식초파래무침	·파래 100g	·소금 ½큰술	·설탕 1큰술	·채 썬 무 약간
	·채 썬 당근 약간	·식초 3큰술(가지고 있는 식초 맛에 따라 가감하세요)

공통

❶ 파래 200g을 채반에 밭친 후 흐르는 물에 주무르면서 깨끗하게 씻는다.

TIP. 파란 물이 거의 없어질 때까지 세 번 정도 씻어주세요.

❷ ①의 물기를 꼭 짠 다음 먹기 좋은 크기로 썬다.

멸치액젓파래무침

❸ 손질한 파래 100g에 멸치액젓 3큰술을 넣어 간한 후 물기를 짠다.

❹ 볼에 ③의 파래와 다진 마늘 약간, 고춧가루 ½큰술, 통깨 약간, 송송 썬 쪽파 또는 대파 흰 대 부분을 넣고 무친다.

TIP. 멸치액젓으로 마지막 간을 하세요.

식초파래무침

❺ 손질한 파래 100g에 식초 3큰술, 설탕 1큰술, 소금 ½큰술, 채 썬 당근과 무를 약간씩 넣고 무쳐 물기를 살짝 짠 후 접시에 옮긴다.

65

👍 1만

김치손만두

몇 개를 집어 먹어도 절대 질리지 않는, 저만의 김치만두 레시피를 살짝 공개할게요. 만두는 만들기 어렵고 번거롭다는 편견이 없어질 거예요.

재료	·밀가루 700g	·간 돼지고기 350g	·간 소고기 250g	·묵은지 800g	·소금 약간
	·두부 400g	·대파 2대	·다진 마늘 1큰술	·들기름 6큰술	·물 350㎖
	·천일염 약간	·달걀 1개	·후춧가루 약간	·전분 약간	·밀가루 약간

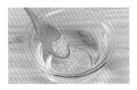

❶ 미지근한 물 350㎖에 소금 약간을 넣어 녹인다.

❷ 볼에 밀가루 700g 넣고 ①의 소금물을 부어 반죽한다.

TIP. 소금물을 조금씩 나누어 넣고, 밀가루에 수분을 스미게 하는 느낌으로 살살 비벼가며 반죽하세요.

❸ 완성된 반죽은 비닐봉투에 담아 5~6시간 정도 숙성한다.

❹ 두부는 칼등으로 으깬 후 면보를 이용해 물기를 짜고 묵은지도 잘게 다진 후 물기를 짠다.

TIP. 만두소에 물이 많으면 잘 터지니, 물기를 꼭 짜주세요. 묵은지는 너무 바짝 짜면 질겨지니, 아주 살짝 수분기를 남겨두세요.

❺ 대파는 잘게 다진다.

TIP. 대파 대신 부추를 넣어도 좋아요

❻ 볼에 ④와 간 돼지고기, 간 소고기, 다진 마늘 1큰술, 들기름 6큰술, 후춧가루 약간, 천일염 약간을 넣고 찰기가 생길 때까지 치댄다.

❼ ⑥에 달걀 1개를 넣고 치댄다.

TIP. 물이 안 나와야 잘된 거예요. 잘 치대야 만두피가 터져도 소가 쏟아지지 않아요. 생고기가 들어갔으니 혀끝으로 살짝 간을 보고 양념을 가감하세요.

❽ 잘 숙성된 반죽으로 만두피를 만든다. 먼저 반죽을 가래떡 모양으로 만든 후 적당한 크기로 균일하게 자른다.

TIP. 반죽이 도마에 들러붙지 않도록 도마에 밀가루를 소량 뿌려주세요.

❾ 손으로 먼저 지름을 넓힌 후 밀대로 조금씩 밀어가며 지름을 넓힌다.

❿ ⑨의 만두피에 ⑦을 채워 반으로 접은 후 양 끝을 잡아 연결한 다음 아랫부분에 전분을 살짝 묻힌다.

TIP. 전분은 만두가 찜기에 들러붙지 않도록 해줘요.

TIP. 만두를 놓을 때는 서로 붙지 않도록 간격을 유지하세요. 다 쪄지면 뜨거울 때 꺼내세요.

TIP. 양념장(고춧가루 1큰술+진간장 2큰술+식초 1큰술)을 곁들이세요.

⓫ 15분 정도 찐다.

66

👍 6.8천

명태전

명절이면 어김없이 상에 올리는 명태전을 빠르고 간단하게 만들어봐요. 밀가루를 바르고 달걀물을 묻히는 번거로운 과정 없이 쉽게 만드는 방법을 알려드릴게요.

재료	·얼린 명태포 400g	·고추 3개	·당근 약간	·밀가루 2큰술	·달걀 5개
	·소금 약간	·참기름 1큰술	·식용유 약간		

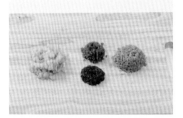

❶ 명태포를 실온에서 살짝 녹인 후 곱게 다지고 고추와 당근도 곱게 다진다.

TIP. 고추와 당근 대신 다른 재료를 넣어도 되지만 양파처럼 수분이 많은 채소는 피하세요.

❷ 볼에 ①과 밀가루 2큰술, 달걀 5개, 소금 약간, 참기름 1큰술을 섞어 반죽한다.

TIP. 반죽이 되다 싶으면 달걀 1개를 더 넣어도 됩니다.

❸ 예열한 팬에 기름을 조금만 두르고 ②의 반죽을 1큰술씩 덜어 약한 불에서 앞뒤로 노릇노릇하게 부친다.

67

굴국

바쁜 아침, 휘리릭 만들어 든든하게 먹을 수 있는 굴국을 소개합니다. 굴을 넣어 시원한 맛이 일품이라 해장국으로도 아주 좋아요. 이번 레시피의 양은 3인분 기준입니다.

👍 5.2천

재료	·굴 150g	·소금 약간+½큰술	·무 300g	·대파(흰 부분) 1개
	·홍고추 1개	·물 1L		

❶ 소금 약간으로 굴을 조물조물 버무리며 씻는다.

TIP. 깨끗하게 씻어야 굴국이 말개집니다.

❷ ①을 흐르는 물에 세 번 정도 헹군 후 채반에 받쳐 물기를 뺀다.

❸ 대파 흰 부분과 홍고추는 얇게 송송 썰고 무는 채칼로 채 썬다.

TIP. 홍고추는 취향에 따라 빼도 됩니다. 홍고추 대신 마른 고추나 청양고추를 이용해도 좋아요.

❹ 끓는 물 1L에 채 썬 무를 넣고 강한 불에서 한소끔 끓인다.

❺ 끓어오르면 굴을 넣고 한소끔 더 끓인다.

❻ 거품을 걷어내고 소금 ½큰술을 넣는다.

TIP. 취향에 따라 소금의 양을 가감하세요.

❼ 손질한 대파와 고추를 넣고 마무리한다.

68

👍 3.8천

미역줄기볶음

미역 같은 해초류는 비린내를 확실하게 제거하지 않으면 요리를 망칠 수 있어요. 비린내는 확실하게 잡으면서 미역줄기만의 오독오독한 식감은 그대로 살리는 레시피를 소개합니다.

| 재료 | ·미역줄기 300g | ·홍고추 1개 | ·청양고추 2개 | ·들기름 2큰술 | ·다진 마늘 약간 |
| | ·대파 약간 | ·통깨 약간 | ·생강청 약간 | | |

❶ 미역줄기를 미지근한 물에 한 번 헹군 후 채반에 받쳐 흐르는 물에 세 번 정도 씻은 다음 20분 정도 찬물에 담가둔다.

TIP. 미역줄기는 구입 시 소금에 절여져 있는데, 소금기를 뺀다고 너무 많이 씻으면 맛이 없어져요.

❷ ①의 물기를 꼭 짜 먹기 좋은 크기로 자른다.

❸ 홍고추와 청양고추, 대파는 잘게 다진다.

TIP. 홍고추가 없다면 빼거나 당근을 채 썰어 넣어도 좋아요.

❹ 예열된 팬에 ②와 생강청 약간을 넣고 중약불에서 볶는다.

TIP. 수분을 잘 날려주어야 미역 비린내가 안 나요. 생강청이 없다면 소주를 조금 넣어도 좋아요.

❺ 미역 비린내가 올라올 때까지 볶은 후 들기름 2큰술, 다진 마늘 약간을 넣고 버무린 후 중약불에서 살짝 볶는다.

TIP. 이때 간을 보고 싱겁다면 국간장이나 소금을 조금 더 넣으세요.

❻ 불을 끄고 다진 고추와 대파, 통깨 약간을 넣고 내부 열로 볶는다.

69 굴림만두

👍 3.1천

만두 중에서도 가장 만들기 쉬운 것을 알려드릴게요. 바로 만두피 없이 만드는 굴림만두예요. 감자 전분으로 만들어 식감이 쫀득하답니다. 맨입에 쏙! 떡국에 쏙! 라면에 쏙! 어떻게 먹어도 맛있어요.

재료	·달걀 1개	·참기름 2큰술	·김치 300g	·두부 200g	·다진 마늘 50g
	·간 돼지 뒷다리살 300g		·후춧가루 ½큰술	·소금 약간	·감자 전분 약간
	·다진 대파 80g				

❶ 두부는 칼등으로 으깬 후 면보에 물기를 짜 준비한다.

TIP. 물기가 있으면 만두소가 질척거려요. 물기를 꼭 짜주세요.

❷ 김치는 흐르는 물에 살짝 씻은 후 곱게 다져 면보로 물기를 짠다.

❸ 볼에 ①과 ②, 간 돼지 뒷다리살, 다진 대파 80g, 다진 마늘 50g, 달걀 1개, 참기름 2큰술, 후춧가루 ½큰술, 소금 약간을 넣어 치댄다.

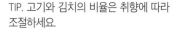

TIP. 고기와 김치의 비율은 취향에 따라 조절하세요.

❹ ③을 한입 크기로 동그랗게 빚은 후 감자 전분에 골고루 굴려 묻힌다.

❺ 찜기에 물이 끓어오르면 ④를 넣고 강한 불에서 10분 정도 찐다.

70 콩비지찌개

👍 3.8천

청국장찌개를 좋아하지 않는 아이도 맛있게 먹는 콩비지찌개. 고소한 콩비지와 맛있게 익은 묵은지가 만나 최고의 궁합을 자랑합니다. 소화까지 잘되어 부담없이 먹을 수 있답니다.

재료	· 콩(6시간 동안 물에 불린다) 200g	· 대파 60g	· 돼지고기 앞다리살 300g
	· 묵은지 500g · 물 1.6L	· 들기름 70㎖	· 다진 마늘 30g · 국간장 1큰술

❶ 대파는 어슷 썰고 돼지고기 앞다리살과 묵은지는 먹기 좋은 크기로 썬다.

❷ 물에 불린 콩은 깨끗이 씻은 다음 물 600㎖를 더해 믹서에 간다.

TIP. 물을 너무 많이 넣어도 곱게 갈리지 않아요.

❸ 냄비에 손질한 돼지고기와 묵은지, 들기름 70㎖, 다진 마늘 30g을 넣고 강한 불에서 볶는다.

TIP. 들기름이 없다면 식용유로 볶아도 됩니다.

❹ 고기가 어느 정도 익으면 ②의 콩비지를 넣고 고루 섞는다.

❺ 콩비린내가 올라오기 시작하면 물 1L를 넣고 뚜껑을 열어 한소끔 끓인다.

TIP. 물은 한꺼번에 붓지 말고 세 번에 나누어 부어주세요. 뚜껑을 닫고 끓이면 콩비린내가 나니 뚜껑은 열고 끓이세요.

❻ 계속 저어주며 끓이다가 국간장 1큰술, 대파를 넣어 한소끔 끓인다.

TIP. 국간장 대신 천일염을 넣어도 좋아요. 국물 색이 너무 하얗다면 취향에 따라 고춧가루를 추가해도 됩니다.

71 명태껍질볶음

👍 3.1천

명태 껍질에 콜라겐이 많다는 사실, 알고 계셨나요? 콜라겐 덩어리로 불리는 명태 껍질을 매콤하게 볶아 맛있게 먹어보세요. 미용에도 좋고 건강에도 좋답니다.

재료	·손질한 명태 껍질 60g	·배즙 50㎖	·진간장 3큰술	·고추장 1큰술
	·생강청 약간	·통깨 약간	·참기름 약간	·물엿 2큰술
	·다진 고추 1큰술 또는 고추 2개	·다진 마늘 1큰술		

❶ 명태 껍질은 손질한 후 큼직하게 자른다.

❷ 찬물에 ①을 두 번 씻고 물기를 짠 후 키친타월을 이용해 물기를 완전히 제거한다.

TIP. 물기가 없어야 볶았을 때 바삭하고 쫄깃해요.

❸ 팬에 명태 껍질을 넣고 껍질이 동그랗게 말릴 때까지 강한 불에서 덖는다.

❹ ③을 채반으로 옮겨 한 김 식힌다.

❺ 팬에 배즙 50㎖, 진간장 3큰술, 고추장 1큰술, 생강청 약간, 다진 마늘 1큰술, 물엿 2큰술을 넣고 골고루 섞으며 강한 불에서 조린다.

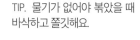

TIP. 배즙이 없다면 물에 설탕을 더해 넣어도 됩니다.

❻ 양념이 끓어오르고 살짝 조려지면 ④를 넣고 약한 불에 볶는다.

❼ 양념이 골고루 잘 배면 불을 끄고 다진 고추 1큰술과 통깨 약간, 참기름 약간을 넣어 내부 열로 볶는다.

72 소고기뭇국

👍 2.8천

만들기 어려운 음식으로 치부되던 소고기뭇국을 영자씨만의 비법으로 아주 쉽게 만들어 큰 인기를 얻었던 레시피예요. 명절마다 난감해하던 많은 주부들에게 큰 호응을 얻었답니다.

재료	·무 700g	·소고기 양지 100g	·다진 마늘 약간	·다시마(손바닥 크기) 2장
	·대파 1대	·국간장 2큰술	·소금 약간	·물 적당량

❶ 무는 나박 썰기 하고, 소고기는 키친타월로 핏물을 빼 큼지막하게 썬다.

TIP. 소고기는 취향대로 썰어주세요.

❷ 냄비에 ①을 넣고 재료가 잠길 정도로만 따뜻한 물을 부어 김이 올라올 때까지 강한 불로 끓인다.

❸ 어느 정도 김이 올라오면 국간장 2큰술을 넣는다.

❹ 끓어오르면 크게 썬 대파와 다진 마늘 약간, 다시마를 넣고 물을 적당량 부은 후 뚜껑을 닫고 끓인다.

TIP. 대파와 다시마는 다시 건져낼 거라 잘게 잘라 넣는 것보다 크게 통째로 넣는 게 좋아요. 마늘은 통마늘을 편 썰기해 넣어도 괜찮습니다. 물은 찬물을 넣어도 상관없지만, 너무 많이 붓지 않도록 주의하세요. 끓이다 보면 무가 숨이 죽어 양이 적어지기 때문에 처음부터 물을 많이 부으면 맛이 없어요. 적당량의 물을 붓고 한소끔 끓여본 후 부족하면 더 붓는 게 좋습니다.

❺ 한소끔 끓인 후 뚜껑을 열어 떠다니는 불순물과 기름을 숟가락으로 걷어준다.

❻ 다시마를 빼고 소금 약간을 넣은 후 뚜껑을 닫아 약한 불에서 한소끔 더 푹 끓인다.

❼ ⑥이 끓으면 뚜껑을 열어 대파를 뺀다. 무가 완전히 익으면 그릇에 담아 송송 썬 대파를 고명으로 얹는다.

TIP. 간을 보면서 취향에 따라 소금을 조금씩 더해도 좋아요.

73 손칼국수

세상 가장 쉬운 것을 요리하듯 아무렇지 않게 끓이던 엄마표 칼국수 레시피를 준비했습니다. 쉽고 간단하지만, 몸을 녹여주던 엄마의 따뜻한 칼국수 한 그릇을 그대로 담은 레시피입니다.

재료	·멸치 국물 1500㎖	·다시마 1장	·대파 2대	·감자 ½개	·호박 ½개
	·밀가루 180g	·물 100㎖	·소금 약간	·다진 마늘 약간	·국간장 ½큰술

❶ 냄비에 멸치 국물 1500㎖와 다시마 1장, 대파 1대를 반으로 잘라 넣고 강한 불에서 끓인다.

TIP. 너무 오래 끓이면 국물이 탁해지니 한소끔만 끓이세요.

❷ 한소끔 끓어오르면 국물 재료는 건져내고 잠시 후 불을 끈다.

❸ 미지근한 물 100㎖에 소금을 약간 넣고 풀어준다.

❹ 볼에 밀가루 180g을 넣고 ③을 조금씩 부어가며 손바닥으로 살살 비벼준다.

❺ ④가 뭉치기 시작하면 꾹꾹 눌러가면서 치댄다.

TIP. 칼국수 반죽은 수제비 반죽보다 단단합니다. 반죽이 질어지면 안 돼요. 물 양을 조금씩 추가하면서 맞추세요.

❻ 반죽이 완성되면 비닐봉지에 넣어 1시간 정도 숙성한다.

❼ 바닥에 밀가루를 조금 뿌리고, 숙성된 반죽을 밀대로 얇게 민다.

TIP. 굵기는 취향에 따라 조절하세요.

❽ 돌돌 말아 채 썬다.

❾ 감자와 호박은 반달 썰기 한다. 대파 1대는 어슷 썬다.

❿ 냄비에 ②의 국물을 넣고 끓어오르면 ⑨를 넣고 한소끔 끓인다.

TIP. 국물이 적으면 물을 조금 추가해 끓이세요.

⓫ 한번 더 끓어오르면 칼국수 면의 밀가루를 털어낸 후 넣어 한소끔 끓인다.

TIP. 젓지 않아도 면이 붙지 않아요.

⓬ 다진 마늘 약간, 국간장 ½큰술을 넣고 끓인 후 마무리한다.

TIP. 국간장은 취향에 따라 가감하세요.

74 도토리묵·도토리묵무침

겨울철 별미인 도토리묵을 직접 만들어볼 거예요. 어려울 것 같다고 많이들 손사래 치시지만, 마트에서 파는 시판용 도토리묵가루를 이용하면 쉽고 간단하게 만들 수 있어요.

👍 4천

재료				
도토리묵	·도토리묵가루 100g		·물 1.5L	·소금 3g
·참기름 1큰술				
양념장	·다진 대파 20g	·다진 마늘 10g	·진간장 4큰술	·국간장 1큰술
·고춧가루 ½큰술	·통깨 1큰술	·참기름 1큰술		
도토리묵무침	·묵 1모	·상추 3~4장	·오이 ½개	·통깨 약간
·빨강·노랑 파프리카 ½개씩		·참기름 1+½큰술	·진간장 1큰술	·국간장 약간
·고춧가루 ½큰술	·다진 마늘 ½큰술			

도토리묵

❶ 물 1.5L 중 절반을 끓인다.

TIP. 기본적으로 도토리묵가루와 물의 비율은 부피로 1:6이지만 여름에는 물 양을 조금 줄이세요.

❷ 도토리묵가루를 채반에 올린 후 나머지 물을 부어 내리면서 살살 개준다.

❸ ①의 물이 끓으면 ②를 저어가면서 붓고 강한 불에서 끓인다.

TIP. 냄비는 얇은 냄비보다 도톰한 냄비가 눌어붙지 않아요.

❹ 전체적으로 끓기 시작하면 약한 불로 줄여 계속 저으며 끓여준다.

❺ 소금 3g을 넣고 젓다가 바글바글 끓어오르면 참기름 1큰술을 넣고 다시 저어준다.

TIP. 계속 저어줘야 찰기가 생겨요.

❻ 유리 볼을 찬물에 헹구고, 물기가 있는 상태에서 ⑤의 묵을 부어 굳을 때까지 기다린다.

TIP. 표면은 정리하지 않아도 저절로 수평이 맞아요. 완성되면 먹기 좋은 크기로 납작하게 썬 후 양념장 재료를 모두 섞어 도토리묵에 끼얹어 드세요.

도토리묵무침

① 상추는 손으로 먹기 좋게 뜯고, 오이는 어슷 썬다. 빨강·노랑 파프리카는 씨를 제거하고 굵게 채 썬다. 묵도 납작 썰어 준비한다.

TIP. 파프리카는 너무 얇게 썰면 물기가 생겨 안 좋아요.

② 볼에 묵을 넣고 참기름 ½큰술을 넣어 무친다.

③ 볼에 손질한 재료와 참기름 1큰술, 진간장 1큰술, 국간장 약간, 고춧가루 ½큰술, 곱게 빻은 통깨 약간, 다진 마늘 ½큰술을 넣고 살살 무친다.

TIP. 통깨를 빻아 넣으면 수분을 잡아줘요. 대파를 조금 다져 넣어도 좋아요. 맛을 보고 싱겁다면 소금을 약간 추가하세요.

75 떡국

👍 2.8천

깔끔하고 구수한 맛이 일품인 떡국을 만들어볼 거예요. 설날 아침이 아니더라도 추운 겨울 언제든 먹기 좋은 요리죠. 이번 레시피는 3인분 기준입니다.

재료	·떡국용 떡 500g	·소고기 양지 100g	·대파 1뿌리	·달걀 1개	·다시마 1장
	·국간장 1큰술	·다진 마늘 ½큰술	·뜨거운 물 1L		

❶ 소고기 양지는 먹기 좋은 크기로 썰고 대파는 크게 썬다.

TIP. 양지 대신 우둔살을 사용해도 돼요.

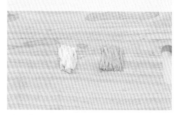

❷ 달걀은 흰자와 노른자를 분리해 지단을 만든 후 가늘게 채 썬다.

❸ 냄비에 ①을 넣고 뜨거운 물 1L를 부어 강한 불에서 끓인다.

TIP. 찬물에 바로 넣어 끓이면 핏물이 나와 떡국이 깔끔하지 않아요.

❹ 국물이 끓어오르면 다시마를 넣는다.

❺ 대파가 노래지면 다시마와 대파를 건져낸다.

❻ 떡, 국간장 1큰술, 다진 마늘 ½큰술을 넣고 뚜껑을 열고 한소끔 끓인다.

TIP. 간을 보고 취향에 따라 천일염을 추가하세요. 떡이 동동 뜨면 그릇에 옮겨 담고 만들어놓은 달걀 지단을 올리세요. 김을 작게 잘라 올려도 좋아요.

76 늙은호박부침개

👍 2.3천

겉바속촉도 이런 겉바속촉이 있을까요? 부침개는 바삭하고 호박은 촉촉한 전입니다. 만들기도 쉽고 맛도 좋아 누구나 좋아하는 메뉴예요.

재료	·늙은 호박 700g	·밀가루 130g	·소금 약간	·설탕 1큰술	·물 100㎖
	·식용유 약간				

❶ 늙은 호박은 껍질을 벗긴 후 채칼을 이용해 채 썬다.

TIP. 위험하니 채칼은 장갑을 끼고 사용하세요.

❷ ①에 밀가루 130g을 골고루 묻힌다.

TIP. 물 먼저 넣지 마세요. 호박에 밀가루 옷을 입히는 과정은 아주 중요해요.

❸ ②에 소금 약간, 설탕 1큰술, 물 100㎖를 넣고 반죽한다.

TIP. 가루가 엉길 정도로만 반죽하면 됩니다. 늙은호박부침개 반죽은 물기 없게 하는 것이 핵심이에요.

❹ 팬에 식용유를 약간 두르고 달군 후 ③을 펼쳐 강한 불로 부친다.

TIP. 기름은 약간만 두르세요. 호박전에 수분이 많아 처음부터 기름을 많이 넣으면 전이 축 처져요.

❺ 한쪽 면이 익으면 뒤집은 후 뒤집개로 꾹꾹 누르며 부친다.

TIP. 기름을 추가하면서 앞뒤로 꾹꾹 누르며 노릇하게 부치세요.

77 고구마전

👍 1.4천

항상 고구마를 삶거나 구워만 드셨다면 이번엔 전으로 부쳐 먹어보세요. 고구마튀김보다 쉽게 만들 수 있을 뿐 아니라 기름도 적게 들어 뒤처리하기도 좋아요.

재료	·고구마 600g	·밀가루 100g	·물 80㎖	·소금 약간	·식용유 약간

❶ 고구마는 껍질을 벗겨 굵게 채 썬 후 찬물에 담가 전분기를 제거하고 흐르는 물에 씻어낸 다음 채반에 밭쳐 물기를 뺀다.

❷ 볼에 ①과 밀가루 100g, 물 80㎖, 소금 약간을 넣은 다음 섞는다.

TIP. 물은 조금씩 넣어가며 맞추세요. 반죽이 질면 안 돼요.

❸ 팬에 기름을 넉넉히 넣고 예열한 후 고구마 반죽을 올려 강한 불에서 익힌다.

TIP. 기름은 전을 부칠 때보다 많이 넣으세요. 고구마가 두꺼워서 기름이 적으면 안 익어요. 반죽은 원하는 크기로 떠서 올리세요.

❹ 아랫면이 완전히 익으면 뒤집어 노릇노릇하게 부친다.

78 김치수육

👍 1.1천

20분 만에 수육을 만들 수 있다고 하면 믿으시겠어요? 밥하듯 간단하게 뚝딱 완성해 따끈하게 즐길 수 있는 수육 레시피를 소개해드릴게요.

재료	·삼겹살 500g	·김치 400g	·대파 1대	·물 300㎖	·고추장 1큰술

❶ 삼겹살은 통으로 큼직하게 썬다.

❷ 김치는 머리 부분을 잘라 반으로 자르고 대파는 큼직하게 썬다.

TIP. 김치는 통으로 사용해도 좋아요.

❸ 물 300㎖에 고추장 1큰술을 섞는다.

❹ 압력솥에 고기, 김치, 대파 순으로 담고 ③의 고추장물을 부어 강한 불에서 끓인다.

❺ 압력추가 올라오면 약한 불로 줄이고 5분 더 끓인 후 불을 끄고 5분 정도 뜸 들인다.

❻ 고기를 먹기 좋은 두께로 썰어서 접시에 김치와 함께 담아낸다.

79 조개젓무침

👍 1.9천

이번엔 밑반찬으로 아주 좋은 조개젓무침을 소개해드릴게요. 바지락을 이용해 무침을 만들 거예요. 짜지 않고 맛있게 만드는 저만의 비법을 공개합니다.

재료	·염장 바지락 700g	·홍고추 1개	·청고추 2개	·대파 흰 부분 1대분	·소주 2큰술
	·생강청 ½큰술	·다진 마늘 1큰술	·고춧가루 3큰술	·통깨 1큰술	·참기름 2큰술

❶ 염장 바지락은 흐르는 물에 세 번 정도 씻는다.

❷ 씻은 바지락을 채반에 밭쳐 소주 2큰술을 넣고 비빈 후 물기를 뺀다.

TIP. 바지락 껍질은 다 골라내주세요.

❸ 대파 흰 부분과 고추는 곱게 다진다.

❹ 볼에 물기 뺀 바지락, 생강청 ½큰술, 다진 마늘 1큰술, 고춧가루 3큰술을 넣어 버무린다.

TIP. 맛을 보고 싱겁다면 액젓으로 간을 맞추세요.

❺ 다진 대파와 고추, 통깨 1큰술, 참기름 2큰술을 넣어 버무린다.

TIP. 참기름은 먹을 때마다 넣어도 됩니다.

80 갈비탕

👍 1.2천

압력밥솥으로 갈비탕을 간편하게 만들어보세요. 한번 식힌 후 기름을 걷어내면 더 깔끔하게 먹을 수 있답니다.

재료	·소갈비 500g	·물 1.5L	·대파 100g	·양파 150g	·무 300g
	·마늘 4알	·대추 3개	·진간장 1큰술	·소금 약간	·감초 2뿌리
	·마른 당면 30g				

❶ 소갈비는 3시간 동안 물에 담가서 핏물을 뺀다.

❷ 냄비에 ①과 물 1L, 감초를 넣고 뚜껑을 닫아 강한 불에서 끓인다.

❸ 무는 큼직하게 썰고, 양파와 대파는 2등분한다.

❹ ②의 냄비가 끓어오르면 고기는 건져내고 면보로 육수를 거른다.

❺ 압력솥에 ④의 육수, 소갈비, 무, 대파, 양파, 대추, 마늘, 물 500㎖를 넣은 후 강한 불에서 끓인다.

❻ 압력추가 올라오면 불을 끈 다음 김이 빠질 때까지 10분 정도 기다린다.

TIP. 너무 오래 끓이면 고기가 물러집니다.

❼ 양파, 대파는 건져내고 진간장 1큰술과 소금 약간을 넣어 간한다.

TIP. 30분 정도 미지근한 물에 담가 불린 당면을 먹기 좋은 길이로 잘라 넣고 고기와 국물을 옮겨 담아 내세요.

화제의 레시피

다이어트 요리

81

👍 5.3만

양배추김밥

맛있으면서도 확실하게 다이어트가 되는 양배추김밥을 소개합니다. 포
만감이 크기 때문에 몇 개만 집어 먹어도 배가 불러 젓가락을 놓게 되죠.
소화까지 잘되기 때문에 다이어트할 때마다 즐겨 먹어요.

재료	·양배추 ¼통	·달걀 10개	·당근 1개	·부추 200g	·통단무지 1개
	·전분 2큰술	·소금 약간	·식용유 약간	·김 약간	

❶ 양배추는 채칼로 얇게 채 썰어 흐르는 물에 세 번 정도 씻은 후 채반에 밭쳐 물기를 뺀다.

TIP. 양배추는 세로로 채 썰어야 부서지지 않아요. 양배추 특유의 향이 싫다면 5분 정도 찬물에 담가두세요.

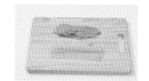

❷ 당근과 통단무지는 길게 편 썬다.

TIP. 당근도 채칼로 썰면 편해요.

❸ 부추는 깨끗이 씻어 물기를 뺀 다음 식용유를 조금 둘러 달군 얇은 웍에 올려 강한 불로 볶는다.

TIP. 소금을 약간 더해 볶다가 숨이 죽으면 불을 끄세요.

❹ 달군 웍에 식용유를 조금 두르고 당근에 소금을 약간 더해 강한 불로 볶는다.

❺ 볼에 ①과 달걀물, 소금 약간을 넣고 버무린다.

TIP. 달걀 사이즈에 따라 개수를 달리하세요. 양배추가 달걀에 어우러질 만큼이면 됩니다.

❻ ⑤에 전분 2큰술을 추가해 버무린다.

❼ 팬을 달군 후 기름을 두르고 ⑥의 양배추를 펼쳐 뒤집개로 꾹꾹 눌러가며 강한 불로 익힌다.

TIP. 기름이 너무 많으면 김과 양배추가 잘 붙지 않으니 주의하세요.

❽ 한쪽 면이 다 익으면 뒤집어 익힌 후 꺼내 한김 식힌다.

TIP. 3장 정도 나와요.

❾ 김발 위에 김을 올린 다음 양배추 지단을 올린다.

TIP. 양배추 지단은 김 면적의 70% 정도 사이즈가 좋아요.

❿ 부추, 단무지, 당근을 넣고 돌돌 말아 먹기 좋은 크기로 자른다.

82 두부김밥

👍 1.3만

한 줄만 먹어도 배부른 일명 '단백질 폭탄' 두부김밥입니다. 두부와 채소로 만들기 때문에 샐러드처럼 깔끔하게 즐길 수 있어요.

재료	·두부 1kg	·달걀 8개	·당근 1개	·오이 2개	·통단무지 1개
	·참기름 3큰술	·통깨 1큰술	·식용유 약간	·김밥용 김 약간	·소금 약간

❶ 두부는 으깬다.

❷ 얇은 웍에 으깬 두부를 올려 강한 불로 덖다가 두부가 뜨거워질 때쯤 불을 끄고 그대로 식힌다.

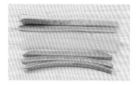

❸ 오이는 길게 4등분해 씨를 제거한다. 통단무지는 길게 8등분하고 당근은 길게 편 썬다.

❹ 두부가 식으면 면보로 물기를 짠다.

TIP. 수분이 너무 없으면 김밥이 뭉쳐지지 않으니 적당히 짜면 됩니다.

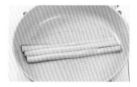

❺ 팬에 식용유를 약간 두르고 예열한 후 오이를 강한 불로 살짝 볶는다.

TIP. 소금을 약간 넣고 오이 향이 올라올 때까지만 볶으면 됩니다.

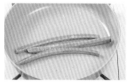

❻ 오이를 볶은 팬에 당근을 넣고 소금 약간을 더해 볶는다.

❼ 달걀을 풀어 중약불에서 지단을 여러 장 만든다.

❽ 볼에 두부, 참기름 3큰술, 통깨 1큰술을 넣어 무친다.

TIP. 미리 간을 하면 물이 생기니 김밥 말기 직전에 무치세요.

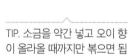

❾ 김발 위에 김을 펼치고 달걀 지단, 두부, 오이, 단무지, 당근을 올려 돌돌 말아 먹기 좋은 크기로 썬다.

TIP. 지단이 너무 길면 적당히 접어 올리세요.

83 저탄수유부초밥

요즘 유행하는 건강한 다이어트 '저탄수' 다이어트를 응용한 유부초밥입니다. 밥 대신 두부를 사용하기 때문에 탄수화물 양은 줄고 단백질 양은 늘어났습니다.

👍 7.2천

재료	·양배추 200g	·오이 200g	·당근(선택) 약간	·소금 1큰술	·두부 1모
	·유부 28매	·통깨 1큰술(수북이)	·참기름 1큰술		

❶ 양배추, 오이, 당근은 곱게 다진다.

❷ ①에 소금 1큰술을 넣고 절인다.

❸ 두부는 으깨 강한 불에서 덖은 후 그대로 식힌다.

TIP. 두부를 먼저 덖으면 수분도 잘 빠지고 상하는 것도 방지할 수 있어요.

❹ 덖은 두부가 식으면 면보에 넣어서 물기를 짠다.

TIP. 물기를 완전히 제거해주세요.

❺ 끓여서 살짝 식힌 물을 유부에 부어 헹군 후 채반에 받쳐 식힌 다음 물기를 살짝 짜 준비한다.

TIP. 물기는 살짝만 짜세요. 바짝 마르면 뻑뻑해서 맛이 없어져요.

❻ 절여놓은 ②의 채소를 면보에 넣어 물기를 짠다.

TIP. 간이 짜다면 걱정하지 말고 빠르게 물에 헹군 후 물기를 짜세요.

❼ 볼에 두부와 ⑥, 통깨 1큰술, 참기름 1큰술을 넣은 후 조물조물 무친다.

❽ 유부 안에 ⑦의 속을 채운다.

TIP. 원하는 만큼 넣으세요.

84 양배추절임

👍 2.4천

샐러드 대용으로 먹어도 좋고, 피클 대용으로 먹어도 좋은 양배추절임 레시피를 소개해드립니다. 그냥 먹기엔 부담스러울 수 있는 양배추를 훨씬 더 맛있는 다이어트 요리로 변신시켜줍니다.

재료	· 양배추 2㎏	· 굵은소금 2+½큰술	· 월계수 잎 2장	· 물 1.5L
	· 설탕 2큰술			

❶ 양배추를 먹기 좋은 크기 (2㎝ 정도)로 자른 후 다시 사선으로 잘라 물에 깨끗이 씻는다.

TIP. 양배추를 살 때는 단단하고 탱글탱글한 것으로 고르세요.

❷ 볼에 ①을 담아 굵은소금 2 큰술을 넣고 40분간 절인다.

❸ 냄비에 물 1L와 월계수 잎 2 장을 넣고 끓인 후 물이 팔팔 끓어오르면 불을 끈다.

TIP. 떫은맛이 날 수 있으니 월계수 잎은 2 장만 넣으세요.

❹ 40분간 소금에 절인 ②를 세 게 치대준다.

❺ 보들보들해진 ④의 양배추를 물에 씻은 후 채반에 담아 물기를 제거한다.

TIP. 간을 본 후 싱거우면 소금을 좀 더 추가합니다.

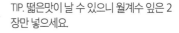

❻ 물기를 제거한 양배추를 보관통에 담고 ③의 식은 월계수 잎 물과 물 500㎖, 설탕 2큰술, 굵은소금 ½큰술을 넣고 섞어 뚜껑을 덮는다. 하루 정도 실온에 보관했다 냉장고에 넣는다.

85

👍 2.6천

들기름메밀김밥

메밀은 쌀이나 밀가루보다 당질 함량이 낮고 식이 섬유가 풍부해요. 그래서 천천히 소화되기 때문에 포만감이 높아 식욕 조절에 도움을 줄 수 있죠. 공복 시간을 늘려주기 때문에 다이어트에 매우 좋답니다.

재료	·메밀면 200g	·달걀 5개	·식용유 약간	·소금 약간	·들기름 1큰술
	·깻잎 원하는 만큼	·김 3장	·묵은지 원하는 만큼		

❶ 달걀은 소금을 약간 넣어 푼다.

TIP. 달걀 사이즈에 따라 양을 조절하세요.

❷ 끓는 물에 메밀면을 넣어 삶은 후 흐르는 물에 헹구고 채반에 받쳐 물기를 뺀다.

TIP. 완전히 푹 삶아야 합니다.

❸ 식용유를 살짝 묻혀 코팅한 팬에 달걀 지단을 만든 후 돌돌 말아 굵게 채 썬다.

TIP. 지단을 만들 때는 약한 불로 해야 해요. 3장 정도 나와요.

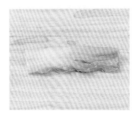

❹ 묵은지는 씻어서 물기를 짠 다음 길게 자른다.

❺ 볼에 메밀면을 넣고 들기름 1큰술을 둘러 조물조물 무친다.

❻ 김발 위에 김을 펼쳐 놓고 깻잎 6~10장을 올린다.

❼ ⑥에 메밀면, 묵은지, 달걀 지단을 올려 돌돌 만 후 먹기 좋은 크기로 자른다.

화제의 레시피

만능 전기밥솥 요리

86

👍 8.7천

찐 감자

전기밥솥을 이용해 태울 걱정 없이 쉽게 만드는 찐 감자예요. 포슬포슬하고 쫀득쫀득한 식감이 아주 예술이죠. 매우 짧은 시간에 감자를 이렇게나 쉽게 찔 수 있다니, 놀랍지 않나요?

재료	·감자 원하는 만큼	·물 적당량	·소금 약간

❶ 감자는 껍질을 벗긴다.

❷ 밥솥에 종지를 엎어둔다.

❸ 감자를 넣는다.

TIP. 감자가 물에 잠기지 않게 하기 위해서예요. 물에 잠기면 포실하게 쪄지지 않아요.

❹ 물이 종지를 넘지 않도록 부어준 후 '백미쾌속' 기능을 선택한다.

❺ 완료되면 감자는 꺼내고, 물은 볼에 옮겨 담아 소금을 약간 넣고 섞어 감자에 끼얹는다.

❻ 밥솥에 다시 감자를 넣고 살살 흔들어 분을 낸 후 재가열 버튼을 누르고 찐다.

87 오곡밥

👍 8.2천

전기밥솥으로 정월 대보름에 먹는 오곡밥을 만들어보세요. 은행과 밤, 기장, 콩, 팥, 대추, 잣 등 몸에 좋은 것을 가득 넣어 만든 오곡밥은 쌀밥보다 건강에 더 좋고 다이어트에도 훨씬 더 도움이 된답니다.

재료	·은행 60g	·물 500㎖	·소금 5g	·밤 120g	·대추 30g
	·찰수수 50g(3시간 불리기)		·기장 50g(30분 불리기)		·잣 20g
	·흑미 15g(잠시 불리기)		·검은콩 60g(6시간 불리기)		
	·적팥 150g(6시간 불리기)		·찹쌀 550g(3시간 불리기)		

❶ 은행은 끓는 물에 살짝 데친 후 껍질을 분리한다.

TIP. 은행 껍질을 쉽게 벗기는 팁! 끓는 물에 살짝 데치면 껍질이 자연스럽게 분리됩니다.

❷ 밤은 크기에 따라 3~4등분하고 대추는 씨를 제거해 적당한 크기로 자른다.

❸ 밥솥에 찹쌀, 밤, 은행, 찰수수, 기장, 흑미, 검은콩, 적팥, 대추, 잣을 고루 섞어 담는다.

❹ 물 500㎖에 소금 5g을 섞어 소금물을 만든다.

TIP. 소금은 취향에 따라 가감하세요.

❺ ③에 ④를 부어 '백미쾌속' 기능을 선택한다.

88

👍 3.2만

카스텔라

옛날에는 카스텔라가 아무 때나 먹을 수 없는 고급 빵이었어요. 하지만 이제는 전기밥솥으로 집에서도 쉽게 만들 수 있으니 세상 참 좋아졌죠? 심지어 재료비가 1,000원밖에 들지 않는다는 놀라운 사실!

재료	·달걀 6개 ·설탕 6큰술 ·소금 약간 ·식용유 약간 ·우유 50㎖ ·밀가루 200g(박력분) ·베이킹파우더 약간

❶ 달걀은 흰자와 노른자를 분리한다.

❷ 노른자에 설탕 4큰술, 소금 약간을 넣고 잘 섞는다.

❸ 달걀흰자는 거품기를 이용해 머랭을 친다.

TIP. 뿔이 생길 정도로 한쪽 방향으로만 치면 됩니다. 머랭 치는 중간에 설탕 2큰술을 나누어 넣으세요. 볼을 뒤집어보아 쏟아지지 않으면 성공이에요.

❹ 밥솥 안쪽에 기름을 바른다.

❺ 밀가루에 베이킹파우더 약간을 넣어 섞은 후 체로 곱게 내린다.

❻ 볼에 ②와 우유 50㎖, ⑤를 넣고 잘 섞는다.

❼ ⑥에 ③의 반을 넣고 거품이 가라앉지 않도록 살살 섞는다.

TIP. 너무 '박력' 있게 섞어 거품이 죽으면 카스텔라가 떡처럼 되니 살살 섞으세요.

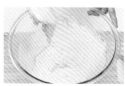

❽ 남은 머랭을 마저 넣고 살살 골고루 섞는다.

TIP. 한쪽 방향으로만 섞으세요.

❾ 전기밥솥에 ⑧을 넣고 윗면을 평평하게 해준 후 '만능찜기능(50분 설정)'을 선택한다.

TIP. 공기층이 빠져나갈 수 있도록 손으로 밥솥을 '통통' 쳐주세요.

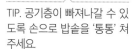

❿ 카스텔라가 완성되면 바로 꺼내 채반에 올려 식힌 후 빵칼로 자른다.

TIP. 밥솥에 오래 두면 빵이 단단해져요.

89

약밥

큰맘 먹고 만들어야 했던 약밥. 이제는 전기밥솥으로 언제든 쉽게 만들어보세요. 버튼만 누르면 옛날 엄마가 해주시던 그 맛 그대로 즐길 수 있답니다.

재료	·찹쌀 700g(3시간 동안 불리기)	·채 썬 대추 70g	·흑설탕 140g	·밤 150g
	·잣 20g ·굵은소금 2g	·물 300㎖	·진간장 2큰술	·참기름 3큰술

❶ 볼에 찹쌀, 대추, 밤, 흑설탕 100g, 굵은소금 2g, 물 300㎖를 넣고 섞는다.

❷ ①에 진간장 1큰술, 참기름 2큰술을 넣고 섞는다.

❸ ②를 밥솥에 담아 윗면을 평평하게 한 후 '백미쾌속' 기능을 선택한다.

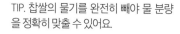
TIP. 찹쌀의 물기를 완전히 빼야 물 분량을 정확히 맞출 수 있어요.

❹ 밥이 되면 볼에 옮겨 담아 뒤적여준 후 잣, 참기름 1큰술, 진간장 1큰술, 흑설탕 40g을 넣고 섞는다.

❺ 다시 밥솥에 옮겨 담고 윗면을 평평하게 고른 후 '재가열' 기능을 선택한다.

❻ 완료되면 볼에 옮겨 잘 섞은 후 원하는 크기로 뭉친다.

TIP. 손에 식용유를 살짝 묻히고 밥이 뜨거울 때 뭉쳐야 잘 뭉쳐져요. 냉동했다가 전자레인지에 데워 먹어도 좋아요.

90

👍 2천

찰밥

정월 대보름에 먹는 찰밥을 전기밥솥으로 간단하게 만들어볼까요? 한 번 만들어 냉동실에 보관하다가 전자레인지로 데워 드세요.

재료	·찹쌀 600g(3시간 동안 불리기)	·팥 삶은 물 650㎖	·밤 200g	·은행 200g
	·팥 200g	·대추 100g	·소금 10g	·잣 약간

❶ 팥은 불린 후 삶는다.

TIP. 팥 삶은 물은 밥 지을 때 써야 하니 버리지 마세요. 팥은 눌러서 살짝 으깨질 정도로만 삶으면 됩니다.

❷ 대추는 씨를 제거하고 먹기 좋은 크기로 자르고, 밤은 껍질을 벗겨 반으로 자른다. 은행은 끓는 물을 이용해 껍질을 제거해 준비한다.

❸ 볼에 찹쌀, 팥, 대추, 밤, 은행, 잣을 넣고 골고루 섞는다.

❹ 팥 삶은 물 650㎖에 소금 10g을 넣고 섞는다.

❺ 밥솥에 ③과 ④를 넣고 '백미쾌속' 기능을 선택한다.

❻ 밥이 다 되면 바로 꺼내 뒤적인다.

화제의 레시피

맛김밥

91

👍 1.7만

꼬마김밥

한입에 쏙 들어가는 꼬마김밥입니다. 꼬마김밥은 속이 부실해 맛이 덜할 거라 생각하셨나요? 이 꼬마김밥은 일반 김밥 못지않게 많은 재료가 들어간, 맛은 그대로면서 크기만 '미니미' 한 김밥이랍니다.

재료	·달걀 6개	·식용유 약간	·어묵 150g	·설탕 1큰술	·진간장 1큰술
	·다진 마늘 1큰술	·당근 100g	·단무지 150g	·시금치 200g	·밥 1공기
	·김 10장	·소금 약간	·참기름 1+½큰술		

❶ 달걀은 소금을 약간 넣어 푼 다음 지단을 만든다.

TIP. 지단을 만들 때 기포는 '톡' 쳐서 공기를 빼주세요. 불 세기는 약한 불이어야 합니다.

❷ 김은 반으로 자르고 단무지, 당근은 자른 김보다 약간 짧게 자른 후 얇게 편 썬다. 어묵과 지단은 단무지 크기에 맞추어 자른다.

❸ 시금치는 다듬어 씻어 끓는 물에 살짝 데친 후 흐르는 물에 헹군 다음 물기를 빼고 참기름 ½큰술, 소금 약간을 넣어 무친다.

❹ 식용유를 약간 두른 팬에 당근을 올리고 소금을 약간 뿌려 강한 불에서 살짝 볶은 후 꺼내 식힌다.

❺ 팬에 식용유를 두르고 어묵, 설탕 1큰술, 진간장 1큰술, 다진 마늘 1큰술을 넣고 강한 불에서 살짝 볶은 후 꺼내서 식힌다.

❻ 볼에 밥과 소금 약간, 참기름 1큰술을 넣고 살살 비빈다.

TIP. 너무 뜨거운 밥보다는 한 김 식힌 밥으로 하는 것이 좋습니다.

❼ 반으로 자른 김 위에 밥을 1숟가락 정도 올려 펼치고 지단, 어묵, 당근, 시금치, 단무지를 올려 돌돌 만다.

92 묵은지네모김밥

👍 5.9천

묵은지의 양념을 씻어 만들기 때문에 봄나들이 때 아이들 간식으로 좋아요. 물론 어른들 식사로도 더할 나위 없이 좋죠. 보기에 좋은 음식이 먹기에도 좋다고 했던가요? 맛도 좋고 모양도 예쁜 김밥이랍니다.

재료	·밥 200g(김밥 1개당 50g 사용)	·달걀 5개	·묵은지 원하는 만큼
	·김밥용 김 2장	·참기름 1큰술	·햄 200g

❶ 김은 길게 반으로 자른다.

❷ 묵은지는 흐르는 물에 양념을 씻은 후 물기를 짠다.

TIP. 묵은지는 취향에 따라 양을 조절하세요.

❸ 햄은 두껍게 편 썰어 팬에 굽는다.

❹ 달걀은 잘 풀어 지단을 만든다.

TIP. 아랫면이 적당히 익으면 반을 접어 올려 살살 눌러가며 익힌 후 꺼내세요.

❺ 지단과 묵은지를 햄 사이즈로 자른다.

❻ 밥에 참기름 1큰술을 넣고 비빈다.

❼ 햄 통 안에 랩을 끼워 넣는다.

❽ 밥 25g 정도를 꾹꾹 눌러 담고 지단, 김치, 햄을 쌓아 올린 후 다시 밥 25g을 담아 꾹꾹 눌러준다.

❾ 김을 거친 부분이 위로 향하게 둔 후 ⑧을 꺼내 돌돌 만다.

93 어묵김밥

어묵은 어떤 요리에 넣어도 실패가 없는 식재료입니다. 일반 김밥과는 다르게 어묵을 얇게 자르지 않고 통으로 넣을 거예요. 양념까지 한 어묵을 통으로 넣었으니 맛있는 건 당연하겠죠?

재료	·단무지 140g	·당근 100g	·어묵 350g(손바닥만한 크기의 사각 어묵)	·부추 250g
	·통깨 1큰술	·참기름 2큰술	·소금 약간	·식용유 4큰술	·다진 마늘 1큰술
	·설탕 2큰술	·진간장 3큰술	·후춧가루 약간	·밥 210g

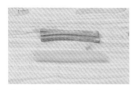

❶ 단무지는 먹기 좋은 굵기로 길게 썰고, 당근도 단무지 크기로 썬다.

❷ 어묵은 끓는 물에 잠시 담가두었다가 채반에 받쳐 물기를 뺀다.

TIP. 끓이면 안 돼요. 길게 자르지 말고 통째로 담급니다.

❸ 부추는 끓는 물에 살짝 데친 후 찬물에 헹궈 물기를 짠다.

❹ 볼에 부추, 통깨 1큰술, 참기름 1큰술, 소금 약간을 넣고 조물조물 무친다.

❺ 달군 팬에 식용유를 약간 두르고 당근을 넣어 볶는다.

❻ 팬에 식용유 4큰술, 다진 마늘 1큰술, 설탕 2큰술, 진간장 3큰술, 후춧가루 약간을 넣고 잘 섞은 후 어묵을 넣어 양념을 골고루 묻힌다.

❼ 불을 켜 중간 불로 올리고 어묵을 굽는다.

❽ 볼에 밥, 소금 약간, 참기름 1큰술을 넣어 섞는다.

TIP. 밥이 따뜻할 때 간하세요.

❾ 김발 위에 김을 펼쳐 놓고 밥을 퍼 올린 후 어묵을 먼저 올리고 그 위에 부추, 당근, 단무지를 올린다.

TIP. 밥은 김의 ⅔ 정도까지 얇게 펼쳐 손으로 꾹꾹 눌러줘야 김밥이 잘 안 터져요.

❿ 재료들을 어묵으로 먼저 감싼 후 김발을 이용해 전체를 돌돌 말아준다.

TIP. 이음매가 잘 붙지 않는 경우, 밥알로 붙여주거나 이음매를 밑으로 해 눕혀놓으세요.

94 달걀폭탄꼬마김밥

👍 1.3천

밥 없이 만든 김밥인데 어쩜 이렇게 맛있죠? 믿을 수 없을 정도로 맛있는 김밥이에요. 달걀로 만들어 퍽퍽할 거란 예상과 달리 포슬포슬하답니다. 냉장실에 넣어두었다 먹으면 10배는 더 맛있어요.

재료	·달걀 9개	·소금 약간	·식용유 약간	·오이 1개	·김 6장
	·빨간 파프리카 1개	·노란 파프리카 1개	·당근 ½개	·셀러리 1개	

❶ 소금을 약간 넣은 달걀물을 약한 불에 올려 지단을 만든 후 돌돌 말아 얇게 채 썬다.

TIP. 될 수 있으면 적은 양의 기름을 이용해 열로 익혀야 해요. 그래야 김밥이 안 풀려요. 기름기가 있으면 김이 안 달라붙는답니다. 지단은 6장 정도 나옵니다.

❷ 당근과 오이는 얇게 채 썰고 셀러리는 껍질을 벗긴 후 얇게 채 썬다. 파프리카는 씨를 제거하고 얇게 채 썬다.

❸ 김은 세로로 길게 반을 접어 자른 후 김발 위에 거친 면이 위로 오도록 올린다.

❹ ③에 달걀 지단을 밥 퍼듯 올린다.

TIP. 지단은 김의 ⅔ 정도만 펼쳐 올려주세요.

❺ ④에 손질한 채소를 골고루 올린 다음 돌돌 만다.

TIP. 이음매가 잘 붙지 않는 경우, 밥알로 붙여주거나 이음매를 밑으로 해 눕혀놓으세요.

95

👍 1천

깻잎멸치김밥

깻잎에는 시금치보다 2배 많은 철분이 들어 있습니다. 그렇기 때문에 깻잎 30g을 먹으면 하루에 필요한 철분 양을 모두 채울 수 있어요. 맛에서도 멸치와 깻잎이 의외로 찰떡궁합을 이루어 깜짝 놀라실 거예요.

재료	·김 4장	·밥 100g(김밥 1개당 25g 사용)	·깻잎순 400g	·달걀 5개
	·식용유 2큰술	·진간장 2큰술 ·다진 대파 1큰술	·다진 마늘 1큰술	·잔멸치 100g
	·통깨 2큰술	·고춧가루 1큰술 ·참기름 1큰술		

❶ 깻잎순은 씻은 후 채반에 밭쳐 물기를 뺀다.

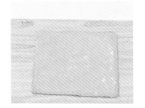

❷ 달걀은 잘 풀어 지단을 만든다.

❸ 팬에 멸치를 펼쳐 깔고 깻잎순을 올린 후 불을 켠다.

TIP. 얇은 웍이나 냄비를 사용해주세요.

❹ ❸에 식용유 2큰술, 진간장 2큰술, 다진 대파 1큰술, 다진 마늘 1큰술을 골고루 뿌린다.

❺ 강한 불로 올려 살살 눌러주고 깻잎순의 숨이 죽으면 멸치와 잘 섞어 볶는다.

❻ 통깨 2큰술, 고춧가루 1큰술, 참기름 1큰술을 넣어 볶은 후 덜어내 한 김 식힌다.

TIP. 아이들이 먹는다면 고춧가루는 빼세요. 뜨거운 팬에 그대로 두면 물기가 생기니 바로 덜어내세요.

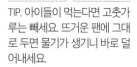

❼ 김발 위에 김, 밥, 지단, 깻잎순으로 올린 후 지단으로 깻잎순을 먼저 감아 올린다.

❽ 김으로 돌돌 만 후 먹기 좋은 크기로 썬다.

TIP. 이음매가 잘 붙지 않는 경우, 밥알로 붙여주거나 이음매를 밑으로 해 눕혀놓으세요.

96 김치김밥

👍 5.7천

냉장고가 텅텅 비었을 때 급하게 해 먹을 수 있는 초간단 김밥이에요. 어떤 요리에 어떻게 넣어도 맛있는 김치. 김밥에 별다른 재료가 들어가지 않았는데도 훌륭한 맛을 낸답니다.

재료	·소금 약간	·달걀 7개	·김치 ½포기	·통깨 1큰술	·참기름 1큰술
	·마늘 3~4알	·김 4장	·밥 400g(100g×4)	·식용유 약간	

❶ 달걀 7개를 볼에 풀고 소금을 약간 넣는다.

TIP. 소금 양은 달걀을 찍어 먹어봤을 때 약간 간이 느껴지는 정도면 좋아요.

❷ 프라이팬에 기름을 두르고 ①의 달걀을 부어 넣어 지단을 만든다.

TIP. 기름이 많으면 기포가 생길 수 있으니 적당량만 둘러주세요.

❸ 김치는 속을 털고 꼭지 부분을 자른 후 손으로 잘게 찢어 물기를 짠 다음 볼에 담는다. 마늘 3~4알을 으깨 넣고, 참기름 1큰술, 통깨 1큰술을 넣어 섞는다.

TIP. 김치의 물기를 꼭 짜주세요.

❹ 펼친 김에 한 김 식은 밥 한 주걱을 올린 후 손으로 살살 펴준다.

TIP. 양념하지 않은 맨밥을 준비해주세요.

❺ 달걀 지단을 올린 후 그 위에 김치를 올려 지단으로 김치를 돌돌 말아준다.

TIP. 달걀 지단은 손으로 꾹 누르고, 김치는 서로 교차되도록 올려주세요.

❻ 김으로 다시 말아준다.

화제의 레시피

장&청

97 보리고추장

👍 1.6만

한번 만들어놓으면 1년 내내 사용할 수 있는 만능 장을 소개해드릴게요. 나물이나 고추장찌개에 넣으면 맛이 한층 더 깊어진답니다. 어렵지 않으니 꼭 만들어보세요.

재료	·찰보리쌀 1kg	·엿기름 1kg	·물 10L+4L	·소금 800g	·설탕 1kg
	·메줏가루 1kg	·고운 고춧가루 3kg			

❶ 씻은 찰보리쌀을 밥솥에 넣어 밥을 지은 후 충분히 식힌 다음 간다.

TIP. 밥이 푹 퍼져야 하니 물을 일반 밥물보다 많이 잡으세요. 하루 전에 만들어두어도 좋아요.

❷ 엿기름은 채반으로 걸러 껍질을 제거한 후 ①과 물 5L와 섞는다. 이 과정을 한번 더 반복한다.

❸ ②를 들통에 담고 뚜껑을 열어 2시간 정도 강한 불에서 끓인 후 소금 800g, 설탕 1kg을 넣어 저어준 다음 불을 끄고 식힌다.

TIP. 설탕과 소금을 잘 녹여주세요.

❹ ③이 식으면 메줏가루 1kg, 고운 고춧가루 3kg을 넣고 골고루 잘 섞는다.

TIP. 농도가 맞지 않으면 물을 4L 정도 섞어 농도를 맞춰주세요.

❺ 하룻밤 실온에 둔 후 보관통에 넣는다.

TIP. 간은 소금으로 하세요

98

👍 1.2만

된장

보통 된장은 정월에 담그기 시작해요. 정월 무렵 메주를 깨끗이 닦아 한 번 더 말린 후 항아리에 간장과 함께 담근 다음 60일 후 간장을 떠낼 거예요. 그런 다음 12월에 콩을 이용해 본격적으로 된장을 담그세요.

재료	·메주 10kg	·물 20L+적당량	·천일염 6kg	·건고추 7개	·대추 6개
	·메주콩 1kg	·씨된장 적당량			

❶ 메주에 핀 곰팡이는 흐르는 물에 깨끗하게 닦는다.

❷ ①을 채반에 밭쳐 햇볕에 말린다.

❸ 채반에 면보를 펼쳐놓고 그 위에 천일염을 올린다.

TIP. 물에 담가두지 마세요. 메주 속에 물이 들어가면 장 맛이 떨어집니다.

TIP. 2시간 후 뒤집어주세요.

❹ ③에 물 20L를 천천히 부어 내려 천일염 찌꺼기를 거른다.

❺ 보관통에 잘 말린 메주를 넣고 ④의 소금물을 붓는다.

❻ ⑤에 마른 홍고추와 대추를 넣고 면보로 덮어 햇볕에 둔다.

❼ 60일 후 간장만 떠내고 다시 뚜껑을 잘 닫은 후 햇볕이 잘 들고 바람이 잘 통하는 곳에 보관한다.

TIP. 메주가 잠길 정도만 남기고 떠내면 됩니다. 너무 많이 떠내면 된장을 담글 때 치댈 수 없어요. 저는 5L 정도 떠냈어요. 떠낸 간장은 한번 거른 후 바로 먹어도 되고, 묵은 간장에 섞어 사용해도 됩니다. 달여도 되지만 도심에서 하기엔 냄새가 정말 지독해요!

❽ 약 7개월 후, 메주콩은 상태가 안 좋은 콩을 골라낸 뒤 씻은 후 물에 담가 뜨는 콩은 건져내고 12시간 동안 불린다.

TIP. 끓어 넘치지 않게 불을 조절하세요. 콩물을 먹었을 때 달큰하면서 메주 맛이 나면 다 익은 거예요. 콩물은 자작하게 남아 있어야 합니다.

❾ 냄비에 불린 콩을 넣고 콩이 잠길 정도로 물을 부은 후 뚜껑을 닫아 강한 불에 삶는다. 끓어 넘치기 전에 찬물을 조금 넣고 뚜껑 열어 삶는다. 다 익으면 불을 끄고 뚜껑을 닫아 뜸들인다.

❿ 익은 메주콩은 채반에 걸러 살짝 식힌다.

TIP. 콩물은 버리지 마세요.

⓫ 큰 비닐에 채반에 거른 메주콩을 넣어 묶고 타월이나 얇은 담요로 덮은 다음 발로 으깬다.

TIP. 비닐을 너무 꽉 묶지 마세요. 메주콩이 따뜻할 때 밟아야 잘 으깨져요. 중간중간 비닐을 열어 공기를 빼주세요.

⓬ 큰 그릇에 으깬 콩과 ⑦의 장, ⑩에서 나온 콩물을 넣어 섞는다.

TIP. 주무르면서 덩어리를 으깨주세요. 아파트에서 만든다면 콩물을 조금 적게 잡아도 됩니다. 정해진 물 양은 없어요. 숙성되면서 수분이 줄어드니 약간 묽은 정도면 됩니다.

⓭ ⑫에 씨된장을 넣고 버무려 보관통이나 항아리에 담아 숙성한다.

TIP. 씨된장이 없다면 생략해도 됩니다. 간은 앞서 담근 장에서 걸러놓은 간장으로 하세요. 없다면 굵은소금으로 해도 됩니다. 바로 먹어도 되지만 1년 숙성한 후 먹는 것이 맛이 가장 좋아요.

99 만능 보리막장

👍 1.6만

나물을 무치거나 된장찌개를 끓일 때 된장처럼 사용할 수 있는 막장입니다. 예쁜 항아리를 준비해 나만의 막장을 직접 만들어보세요. 12월 초에 만들어놓고 3~4월쯤 먹으면 딱 좋아요.

재료	·막장용 메줏가루 1kg	·찰보리쌀 300g	·엿기름 300g	·물 3L
	·굵은소금 500g	·고추씨가루 300g		

❶ 찰보리쌀은 씻어서 1시간 정도 물에 불린 후 전기밥솥이나 냄비를 이용해 밥을 한 다음 충분히 식힌다.

❷ 엿기름은 채반으로 걸러 껍질을 제거한 후 물 1.5L를 넣고 조물조물 주물러 짠 다음 채반으로 거른다. 채반에 남은 찌꺼기에 물 1.5L를 부어 주무른 후 한번 더 채반에 거른다.

❸ 냄비에 거른 엿기름물을 넣고 뚜껑을 덮어 강한 불로 끓인 후 완전히 식힌다.

TIP. 끓기 시작하면 넘칠 수 있으니 주의하세요.

❹ 막장용 메줏가루 1kg에 완전히 식힌 엿기름물을 조금씩 나누어 부으며 메줏가루를 불린다.

TIP. 잘 저어주세요.

❺ 믹서에 식은 보리밥과 엿기름물 약간을 넣고 간다.

TIP. 보리밥은 너무 곱게 갈지 않아도 됩니다. 밥알이 보여도 되니 대충 가세요.

❻ ④에 ⑤와 굵은소금 400g, 고추씨가루 300g을 넣고 잘 섞는다.

❼ ⑥을 항아리에 담고 된장 표면을 랩으로 덮은 다음 굵은소금 100g 정도를 두툼하게 올린 후 면포를 씌우고 뚜껑을 덮어 서늘한 곳에 보관한다.

TIP. 엿기름을 넣고 삭힌 보리쌀은 부글거리며 익기 때문에 자칫 변할 수 있는데, 소금을 올려 보관하면 이를 방지하고 구더기가 생기지 않습니다. 다음 날 농도를 체크해 너무 걸쭉하면 소주로 농도를 맞춰주세요. 너무 묽으면 고추씨가루를 추가하면 됩니다.

100

👍 2.6만

생강청

생강청은 한번 만들어놓으면 정말 편해요. 차로 마시거나 생선조림 같은 조림에 넣어 요리할 수도 있고, 김치 담글 때 사용할 수도 있죠. 가을에 만들어놓으면 1년 내내 먹을 수 있답니다.

재료	·생강 3kg	·백설탕 3kg

❶ 생강은 마디를 잘라내고, 마디 사이에 붙어 있는 흙을 살살 긁어내 흐르는 물에 깨끗이 씻은 후 채반에 밭쳐 물기를 뺀다.

❷ 물을 담은 볼에 생강을 넣고 치댄다.

TIP. 세 번 정도 반복하세요. 물속에서 치대면 껍질이 자연스럽게 벗겨집니다.

❸ 껍질을 벗긴 생강을 흐르는 물에 헹군 후 1시간 정도 채반에 밭쳐 물기를 뺀다.

❹ 물기 뺀 생강을 갈기 편한 크기로 자른다.

❺ 커터에 생강을 넣고 간다.

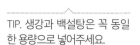

❻ 볼에 ⑤와 백설탕을 넣고 잘 섞는다.

TIP. 생강과 백설탕은 꼭 동일한 용량으로 넣어주세요.

❼ ⑥을 하룻밤 재운 후 보관통에 담아 냉장 보관한다.

TIP. 다른 재료를 같이 넣으면 저장성이 떨어질 수 있습니다.